OBSERVATIONS GÉOLOGIQUES

FAITES AUX ENVIRONS DE

LOUVIERS, VERNON ET PACY-SUR-EURE

PAR

M. G. DOLLFUS

PRÉSIDENT DE LA SOCIÉTÉ GÉOLOGIQUE DE FRANCE

CAEN

IMPRIMERIE E. LANIER, 1 & 3, RUE GUILLAUME-LE-CONQUÉRANT

1897

OBSERVATIONS GÉOLOGIQUES

FAITES AUX ENVIRONS DE

LOUVIERS, VERNON ET PACY-SUR-EURE

Extrait des Mémoires de la Société Linnéenne de Normandie,
XIXe volume, 1er fascicule.

OBSERVATIONS GÉOLOGIQUES

FAITES AUX ENVIRONS DE

LOUVIERS, VERNON ET PACY-SUR-EURE

PAR

M. G. DOLLFUS

PRÉSIDENT DE LA SOCIÉTÉ GÉOLOGIQUE DE FRANCE

CAEN

IMPRIMERIE E. LANIER, 1 & 3, RUE GUILLAUME-LE-CONQUÉRANT

—

1897

OBSERVATIONS GÉOLOGIQUES

FAITES AUX ENVIRONS DE

LOUVIERS, VERNON ET PACY-SUR-EURE

La géologie de la région naturelle située entre la Seine et le cours inférieur de l'Eure est encore bien mal connue. Elle n'a été l'objet d'aucun travail spécial et, dans les ouvrages généraux, elle est restée fort négligée. Les travaux de Passy sur les départements de la Seine-Inférieure et de l'Eure datent de cinquante ans et, depuis, nous n'avons à enregistrer que diverses recherches faites au moment de l'établissement de la *Carte géologique de France au* $\frac{1}{80.000}$, recherches qui ont été trop rapides pour nous donner la clef de tous les problèmes difficiles qui s'y présentent. Nous avons le projet de reprendre l'examen de toute la région dans les années qui vont suivre, et quand nous avons accepté d'accompagner, l'été dernier, la *Société Linnéenne de Normandie* pour lui montrer quelques-unes des localités les plus importantes de ce pays charmant, nous n'avons pas cherché à cacher les difficultés qui existaient encore, mais nous nous sommes plutôt efforcé de montrer ce qui restait à faire et comment nous comptions aborder les questions.

Nous diviserons ces notes d'après les localités visitées, mais sans nous astreindre à l'ordre matériel suivi par l'excursion, et sans nous borner exclusivement aux carrières que la faible durée du temps consacré à ces courses a permis aux membres de la Société d'examiner.

I. ENVIRONS DE LOUVIERS.
II. » DE VERNON.
III. » DE PACY-SUR-EURE.

On trouvera une Bibliographie étendue des travaux publiés sur les terrains tertiaires et crétacés de la Normandie dans le volume publié par M. G. Lionnet, à propos de l'Exposition géologique du Havre en 1877 (1). Dans le même recueil, nous avons résumé (2) ce qui était relatif au Tertiaire de Normandie, avec nombreux renvois aux travaux antérieurs (3). Aucun mémoire important n'a paru depuis cette époque.

Au point de vue paléontologique, les régions que nous allons examiner sont remplies d'intérêt ; bien qu'on sache depuis longtemps qu'on y trouve des fossiles bien conservés, dans les couches du Calcaire grossier principalement, nous ne trouvons l'indication précise d'aucune espèce et d'aucune localité dans aucun des grands ouvrages paléontologiques publiés sur le Bassin de Paris. Deshayes n'a même pas cité une seule fois la localité de Pacy-sur-Eure, et, dans le Catalogue récent de M. Cossmann, nous ne trouvons jamais mentionnés ces beaux gisements. Cependant, nous savons que M. Chédeville a communiqué d'excellentes choses de sa région aux collectionneurs depuis bien des années déjà, mais le sujet est resté neuf et nous n'avons pas la prétention de l'épuiser.

I. ENVIRONS DE LOUVIERS

La ville de Louviers est bâtie au fond de la vallée d'Eure, vers l'altitude de 18m, profondément encaissée par de hautes collines qui s'élèvent à l'altitude de 120 à 150m. L'Eure coupe en cet endroit un

(1) Bull. Soc. Géol. Norm., t. VI, 1880, p. 179.

(2) PP. 478-520 et 584-605.

(3) Je saisis cette circonstance pour faire observer que, dans le tirage à part de cet opuscule, une erreur de mise en page a fait numéroter 39 la page 38 et *vice versa*.

grand anticlinal pour pouvoir rejoindre la Seine ; elle a été aidée par l'Iton pour franchir cet obstacle, et les amas considérables de limons et de graviers qu'on observe à Heudreville-sur-Eure témoignent des difficultés de cet écoulement. Le Bois des Faulx et le promontoire qui porte la cote 75m dessinent bien un ancien méandre de l'Eure dont les débris montent jusqu'au hameau des Faulx, à la cote 110 (Carte de l'État major, feuille d'Évreux).

A Louviers même les deux rives présentent à la fois une vaste concavité, ce qui est un cas assez rare ; sur la rive droite le méandre de Pinterville, à une altitude assez basse, est couvert d'éboulis crayeux ; sur la rive gauche, le méandre de La Haye-le-Comte montre une petite plaine couverte de cailloux diluviens vers l'altitude de 44m qui est dominée par un ilôt crayeux, dit « l'Eprevier », entouré de diluvium de toutes parts et s'élevant jusqu'à l'altitude de 70m environ. La coupe suivante, prise dans l'une des exploitations à l'Ouest, donne une idée de ces dépôts quaternaires.

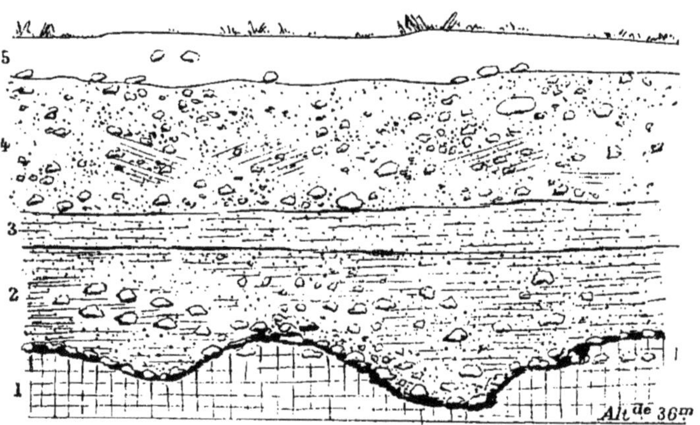

Fig. 1. — *Coupe d'une ballastière à La Haye-le-Comte.*

5. Terre végétale 0m20
4. Sable graveleux, jaunâtre ou rougeâtre, sans stratification. . . 2m00
3. Sable limoneux, gras, avec cailloux disséminés 0m60
2. Sable grisâtre, avec gros cailloux, à stratification oblique.

Les débris de silex sénoniens sont en majorité, puis on rencontre des débris meuliers et des blocs de grès.

La zône inférieure est noircie par des infiltrations de fer ou de manganèse. 1m50

1. Craie un peu marneuse, d'un blanc-grisâtre, avec silex noirs, fossiles très écrasés, disséminés (*Inoceramus labiatus, Scaphites Geinitzi*), ravinée et altérée au sommet (Turonien). 0m60

Pour étudier les terrains plus anciens, il faut nous transporter maintenant sur le plateau au Nord, au sommet de la grande montée de la route qui conduit à La Haye-Malherbe. Un peu avant d'arriver à la ferme Saint-Lubin, au dernier tournant, on trouve inopinément deux vastes sablières à droite et à gauche, qui sont fort intéressantes (l'altitude est de 98m). Ce sont des amas fort importants de sables granitiques; des sables formés de grains de quartz hyalin ou grisâtre, cristallins, comme ceux qui forment la masse principale du granite; ces grains sont liés les uns aux autres par un ciment argileux, blanc ou grisâtre, provenant de la décomposition du feldspath. Dans ces grandes sablières, on observe facilement que les grains de quartz sont groupés par zônes suivant la taille des grains, alternativement plus fins ou plus gros; on trouve des niveaux de galets qui se poursuivent sur un long espace et on constate toutes les traces d'un charriage, d'un transport mécanique. La masse entière est coupée par des failles ou diaclases qui sont remplies par de minces dépôts d'argile grise ou blanche produite par le lavage de l'argile kaolinique. On n'y trouve aucun fossile, mais les cailloux dispersés dans la masse peuvent nous éclairer quelque peu sur l'âge de la formation qui les renferme. Ce sont des silex de la craie, souvent blanchis et altérés, et des galets noirs, tertiaires, appartenant à un vaste horizon, situé entre les *Lignites du Soissonnais* et les *Sables de Cuise*, et que j'ai proposé de désigner sous le nom de *Sables de Sinceny* (1). On y a signalé, mais plus rarement, des débris meuliers, débris abondants sur le plateau d'Heudebouville, situé en face à l'Ouest, et qui renferment des fossiles caractéristiques du Calcaire grossier supérieur, comme *Potamides lapidum*. Les sables granitiques de Louviers sont donc postérieurs à l'argile plastique et appartiennent, comme les sables granitiques de Lozère près Paris, à l'horizon des *Sables de la Sologne*.

(1) Annales Soc. Géol. du Nord, t. V, p. 5, 1877.

La base du dépôt n'était pas visible au moment de la visite de la Société : mais il y a quelques années, dans la carrière de droite, en montant, j'ai pu prendre un croquis montrant les sables granitiques rouges et gris superposés à l'argile à silex et à la craie.

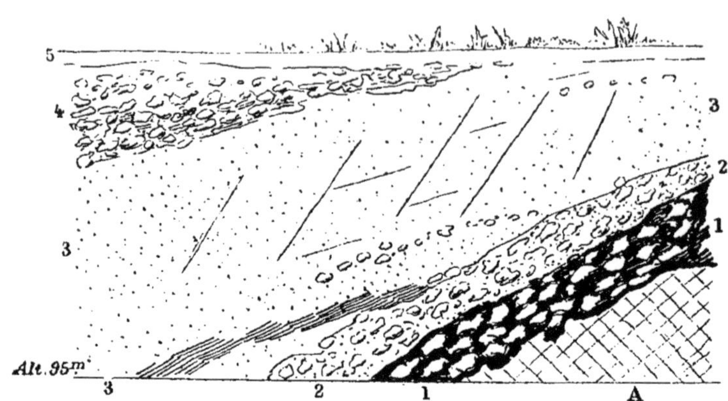

Fig. 2. — *Carrière de Saint-Lubin, au-dessus de Louviers.*

5. Terre végétale argileuse. . . . . 0^{m}20
4. Limon avec silex remaniés (*Bief à silex*). . . . . 0^{m}00 à 1^{m}50
3^{a}. Sables granitiques rouges et gris, kaoliniques . . . . . . 4^{m}00
3^{b}. Lit d'argile grise continue ; quelques zônes de cailloux disséminés. 1^{m}30
2. Sable verdâtre, avec silex en amas, non roulés, argileux à la base. 1^{m}00
1. Argile à silex grise, épaisseur variable.
A. Éboulis masquant la craie.

Il importe essentiellement de ne pas confondre le limon à silex avec la véritable argile à silex ; souvent, ces dépôts sont superposés et paraissent passer de l'un à l'autre, bien qu'ils soient sans analogie réelle.

Le *limon à silex* est un dépôt d'éboulis récent, superficiel, tout local, recouvrant tous les terrains indistinctement, le ruissellement entraînant le limon des plateaux supérieurs pour combler les ravins, et ce même ruissellement faisant ébouler les silex quand leur pied vient à être déchaussé par l'entraînement des menus débris.

L'*argile à silex* est un résidu d'altération chimique de la craie ; elle s'est produite sur place, par la dissolution des éléments solubles de la masse crayeuse ; elle ne comporte pas le transport des silex qu'elle renferme ; elle n'est jamais superposée à un autre terrain que la craie dont elle est issue. L'argile à silex est imperméable ; le limon à silex est perméable ; le premier terrain est presque stérile et reste généralement boisé, le second est une terre fertile, toujours défrichée.

L'argile à silex s'observe à presque toutes les hauteurs, mais elle est généralement plus épaisse sur le bord des plateaux ; elle affleure au penchant des vallées et se voit, plus mince, sur leurs parois ou dans leur fond ; elle semble raviner la craie et elle y pénètre en formant des puits naturels profonds, ou poches, remplis d'un amas confus de silex non roulés, qui conservent parfois une certaine disposition en guirlande qui rappelle la position horizontale primitive qu'ils occupaient dans la masse crayeuse avant qu'elle fut réduite par la dissolution.

L'argile à silex revêt des colorations variées ; elle est tantôt d'un rouge vif, passant au rose et au blanc, tantôt verdâtre et passant au jaune et au brun. Nous avons observé une coloration spéciale en noir, par suite d'une accumulation de matières végétales entraînées par les eaux superficielles d'infiltration, une autre coloration spéciale en blanc par suite d'un dépôt de calcaire incrustant amené par des sources calcaires provenant d'un coteau plus élevé.

Diverses tranchées sur la route de Louviers permettent d'étudier les divers niveaux de la craie. Déjà, sur le plateau, de nombreux oursins en silex *(Echinocorys vulgaris)* font supposer la présence du sommet du *Sénonien moyen ;* plus bas, la craie blanche est coupée de gros bancs de silex jaune renfermant un *Echinocorys* de très grande taille qui se retrouve au haut de la côte de Canteleu, à Rouen. Puis viennent des lits épais, à silex noirs, et enfin une masse énorme de craie dure, jaune, avec points noirs et silex noyés dans la masse qui appartient au *Sénonien inférieur*. Cette assise peut être étudiée avec succès dans une vaste exploitation située dans un vallon adjacent, dit « Vallon de la Carrière » ; on en a extrait beaucoup de pierres de taille, qui ont même servi, dit-on, à construire l'église de Louviers. Nous n'y avons pas trouvé de fossiles. La coupe du Crétacé à Louviers s'est heureusement complétée par la découverte faite pendant l'excursion, par M. Vaullegeard, de fossiles turoniens dans la craie affleurant sous le diluvium dans la carrière de la Haye-le-Comte, vers l'altitude de 36^{m}.

Nous ne connaissions auparavant ce Turonien que dans les tranchées du chemin de fer, presque au niveau du fond de la vallée, et sa découverte à une altitude plus élevée permet de fixer l'emplacement de l'axe anticlinal; car d'une part, au Nord, les nombreuses tranchées du chemin de fer entre Saint-Étienne du Vauvray et la gare de Louviers (17^m d'altitude) n'ont montré que le Sénonien inférieur et moyen, et d'autre part, au Sud, c'est également le Sénonien inférieur qu'on trouve au niveau de l'Eure, en amont d'Heudreville (23^m). Les carrières de la Haye-le-Comte, dans lesquelles le Turonien monte au-dessus de la cote 40, sont donc sur un anticlinal bien positif relativement aux points latéraux que nous avons cités. Nous avions autrefois tracé cet anticlinal bien trop à l'Ouest, entraîné par les idées d'Hébert, qui pensait qu'Elbeuf se trouvait dans une région synclinale. Actuellement, par suite de recherches prolongées pour l'établissement d'une des feuilles de la carte géologique détaillée (feuille de Rouen), nous n'avons plus de doute sur la direction de l'*anticlinal du Roumois,* qui suit parallèlement la faille de la vallée de la Seine, et forme l'ossature de la région que nous examinons entre la Seine et l'Eure. Peut-être il y aura lieu ultérieurement de dédoubler l'axe du Roumois en deux plis parallèles rapprochés.

Le temps n'a pas permis à la Société d'aller explorer, sur les hauts plateaux à l'Est, les témoins tertiaires de Vironvay et d'Heudebouville. On y voit des couches argileuses grises et noires, avec lits de sables, souvent pétries de Cyrènes écrasées et de débris d'*Ostrea bellovacina*, d'âge sparnacien. Au-dessus règne un niveau de galets noirs très roulés sur lequel nous reviendrons ultérieurement, puis une couche peu épaisse de sables jaunes, appartenant à l'horizon des *Sables de Cuise*, enfin des sables granitiques renfermant de gros débris meuliers. En un point, ces blocs meuliers, accompagnés d'une argile rougeâtre, nous ont fourni en abondance *Potamides lapidum,* Lamk., et *Hydrobia sextonus,* Lamk. sp. *(Bulimus)*, trahissant leur âge comme *Calcaire grossier supérieur*, malgré leur apparence de meulière de Beauce. Ailleurs, les blocs meuliers nous ont fourni une faune différente qui les rattache à un niveau un peu plus élevé du calcaire grossier supérieur : *Potamides Hericarti,* Desh., var. *bicarinata,* Cossm., *Meretrix deltoïdea*, Lamk., var. *substriata*, Desh.

Les couches ligniteuses, sparnaciennes, fossilifères dans cette région, ne présentent aucun horizon qui puisse être confondu avec les sables de la Sologne; mais les sables de la Sologne sont souvent accompagnés, comme on le verra plus loin, d'argiles grises, noires, etc., à pâte sèche, kaolinique, sans fossiles, qu'on pourrait confondre au premier abord avec certains niveaux des *Lignites du Soissonnais*.

II. Environs de Vernon

Les environs de Vernon ont été visités en 1878 par la *Société Géologique de France*, sous la conduite de MM. de Chancourtois et Douvillé, mais cette excursion a été trop brève pour que la région ait dévoilé tous ses secrets; nous avons bien des traits à ajouter, mais nous sentons qu'il restera encore beaucoup à dire après nous (1).

Près de la gare de Vernon, plusieurs grandes sablières de diluvium sont ouvertes vers l'altitude de 26^{m}. Voici la coupe que nous a fourni l'une d'elles, près du passage à niveau de la grande avenue qui monte au Château de Bizy.

Ballastière à Vernon

7. Terre végétale, avec cailloux rapportés	0^{m}30
6. Limon brunâtre	0^{m}85
5. Limon blanchâtre, calcaire	0^{m}45
4. Sables fins et graviers jaunâtres en lits obliques	1^{m}90 à 2^{m}40
3. Graviers grossiers avec gros blocs exotiques	0^{m}35 à 1^{m}00
2. Sable argileux, humide, gris, renfermant parfois aussi de gros blocs étrangers (Sables gras)	0^{m}65
1. Graviers sableux, gris, très variés, lits obliques de stratification torrentielle. — Visibles sur	2^{m}60

Base de la carrière à l'altitude 18^{m}.

Parmi les gros blocs que nous qualifions d'exotiques, nous avons reconnu des grès de Fontainebleau, des meulières de Brie et de Beauce, des silex volumineux de divers niveaux de la craie, quelques

(1) Bull. Soc. Géol. France, 3e série, t. VI, p. 694.

roches cristallines du Morvan. On a trouvé également dans cette exploitation des ossements d'*Elephas primigenius* et des silex taillés du type Acheuléen.

Un puits foré, récemment exécuté, également non loin de la gare, par les soins de MM. Lippmann et Cie, a fourni des renseignements très importants et inattendus sur la constitution du sous-sol. On pensait trouver l'eau dans quelque fente de la craie turonienne et on a rencontré rapidement les sables du Gault accompagnés d'une eau jaillissante qui a provoqué dans l'usine une véritable inondation. La coupe s'établit comme suit :

Forage à Vernon

(Près la gare, altitude 28m)

Diluvium et galets divers		8m00
Gault	Argile bleue, foncée, plastique	24m00
	Sable gris, grossier, glauconifère, aquifère	0m20

Les sables aquifères sont ici à la cote — 4. Si l'on compare ce résultat à celui du forage de Pressagny-l'Orgueilleux, exécuté chez Mme Thénard, et soigneusement étudié par M. de Chancourtois, on découvre que le Gault se trouve sensiblement à la même altitude et que l'affleurement du Cénomanien doit s'allonger beaucoup plus qu'on ne supposait, le long du fond de la vallée de la Seine, dans le sens de Saint-Pierre d'Autils, à Vernon, Gamilly, Grandval. Cette constitution est en accord avec la coupe du fond de Bizy, qui montre la craie plongeant rapidement au Sud-Ouest avant la faille, avec l'altitude très élevée du Sénonien inférieur dans le vallon de Blaru au-dessous du Chêne-Godon, avec la coupe de la haute carrière de craie de la Villeneuve-en-Chevrie, sur la grande route de la Bonnière. Elle forme un tracé anticlinal en accord également avec les constatations que j'ai pu faire sur la feuille de Rouen, qui m'ont montré que l'axe anticlinal ne coïncidait pas toujours avec la faille de la Seine, mais en était escorté parallèlement à une distance de 1,500 à 1,800m au Sud-Ouest. J'avais dû laisser cette difficulté pendante lors de ma note sur les ondulations des couches tertiaires dans le Bassin de Paris (1) ; elle se trouve aujourd'hui résolue.

Abordant ensuite l'examen des coteaux, la Société a pénétré dans le vallon de Bizy.

L'entrée du vallon de Bizy est fort encombrée d'éboulis, de limon de lavage et de craie fragmentée ; nous y avons trouvé également des débris d'un beau tuf vraisemblablement quaternaire dont il ne nous a malheureusement pas été possible de découvrir le gisement exact (Montigny ?). En s'avançant par la nouvelle route de Pacy, on voit la craie affleurer sur toute la berge Nord-Est du vallon ; plusieurs carrières sont même ouvertes sur le bord de la route, avant d'arriver au pied de la montée principale, à la bifurcation de la route de Saint-Méauxe.

La craie dans ces carrières est blanche, tendre, coupée de lits de silex noirs pourvus d'une croûte assez épaisse, jaune ou rose ; on y trouve quelques fossiles : *Echinocorys vulgaris*, *Ostrea*, *Rhynchonella*, *Terebratula*, quelques Bryozoaires (2). Cette craie appartient, d'après cela, à la partie supérieure du Sénonien moyen, au sommet de la craie à *Micraster cor-testudinarium*, peut-être à la base de celle à *Micraster cor-anguinum*, c'est-à-dire à la base du Sénonien supérieur.

On suit son affleurement dans le bois, jusqu'à une petite carrière à moins de 50^{m} de l'escarpement du Sud, qui est constitué par le calcaire grossier. Les couches crayeuses plongent nettement de 20 à 25 degrés au Sud-Ouest, — non pas au Sud-Est comme il est imprimé par erreur dans l'excursion de la *Société Géologique*, — et contrastent encore par cette disposition avec les couches tertiaires qui sont horizontales. Dans le fond du vallon, en contrebas de la route, on trouve une petite carrière de calcaire grossier sableux, glauconieux. Le contraste est saisissant ; tout le côté droit, quand on regarde le Nord, est dans la craie, tout le flanc gauche (Ouest) est constitué par un vaste escarpement de Tertiaire. La présence d'une cassure est évidente et la faille se manifeste sur une longue étendue (fig. 3).

(1) Bull. Serv. Carte Géol. France, t. III, 1890, p. 116-186.

(2) DOUVILLÉ, Bull. Soc. Géol. Fr., 3ᵉ sér., t. VI, p. 694, 14 sept. 1878.

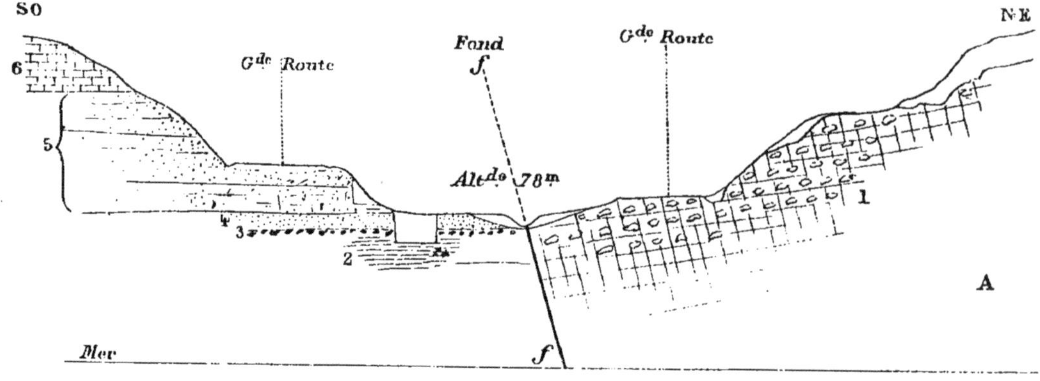

Fig. 3. — *Coupe du vallon de Bizy, près de Vernon.*

6. Calcaire grossier supérieur.
5. Calcaire grossier moyen.
4. Sables de Cuise.
3. Galets marins de Sinceny.
2. Lignites du Soissonnais.
1. Craie blanche sénonienne.

ff', faille. — A, éboulis.

En contrebas de la montée de la grande route, une fouille déjà ancienne permet de relever les détails suivants :

Carrière du fond de Bizy

5. Calcaire grossier, un peu agglutiné avec grains de glauconie et sables quartzeux gris; quelques fossiles (*Scutella parisiensis*). — Visible sur.	2m50
4. Sable jaune-roux, grossier, assez homogène, sans fossiles. . .	1m50
3. Lits de galets noirs très roulés.	0m05
2. Argile grise, plastique, autrefois exploitée	1m40
1. Argile noire ligniteuse (niveau d'eau) sur . . . . . (Altitude barométrique 75m).	1m00

Les couches 1, 2, 3, appartiennent aux *Lignites du Soissonnais*; la couche 4 appartient aux *Sables de Cuise*, et le Calcaire grossier 5 doit être classé dans la partie moyenne du Calcaire grossier du Bassin de Paris.

Sur la route, le Calcaire grossier montre des couches remplies de milioles, à stratification horizontale, de couleur jaunâtre, souvent rougies par les eaux d'infiltration ; il est irrégulièrement agglutiné ; les bancs ne sont pas suivis et son concrétionnement est resté incomplet; j'ai proposé de désigner cet aspect sous le nom de *faciès de Pacy-sur-Eure*. Dans toute la région, le Calcaire grossier inférieur fait défaut et nous aurons l'occasion d'examiner plus loin les conditions de cette allure transgressive.

En continuant à monter et en cassant des roches aux points où elles affleurent, on reconnaît diverses assises intéressantes; au-dessus du Calcaire grossier à milioles apparaissent des bancs minces de Calcaire blanc plus fin, coupés de lits argileux, avec nombreux moules de Cérithes, qu'on doit classer dans le Calcaire grossier supérieur. Plus haut affleurent des Calcaires blancs avec *Cyclostoma mumia,* Limnées, Planorbes et Achatines de l'horizon de Saint-Ouen, accompagnés d'une argile siliceuse, sèche, d'aspect hydrominéral. Au-dessus viennent des bancs durs d'un calcaire celluleux, grumeleux, à inclusions, que l'on doit classer dans le Calcaire de Champigny, et enfin, un peu avant le dernier tournant, le niveau de l'Argile Verte est décelé par l'apparition de petites sources. Cette argile est liée aux meulières de Brie, visibles dans les fossés du plateau près de la ferme de Bizy, à l'altitude approchée de 122^{m}. Le limon s'épaissit plus loin et empâte sur la région plate des débris meuliers et des sables granitiques irrégulièrement développés.

La montée de l'ancienne route m'avait fourni autrefois les rudiments d'une coupe fort analogue, dans laquelle ce Calcaire grossier supérieur montrait plusieurs horizons bien connus à grande distance (1).

Une autre coupe peut être prise dans un chemin très abrupt s'élevant de Montigny au plateau ; le calcaire de Saint-Ouen y présente des lits caractérisés par d'assez nombreux fossiles qui avaient échappé jusqu'ici :

Cyclostoma mumia, Lamk.
Planorbis goniobasis, Sandb. (*P. rotundatus,* Brard, non Poiret).
Limnea pyramidalis, Brard.

(1) Bull. Soc. Géol. Normandie. — Exposition du Havre en 1877, t. VI, p. 483.

Vivipara Orbignyi, Desh.
Bithinella, pl. sp.
Achatina (de grande taille).

Quant au Calcaire meulier de Brie, sur le plateau, il est très dur, siliceux, fistuleux, d'un gris rosé, avec quelques panachures d'argile verte ; on y distingue quelques mauvais fossiles : graines de *Chara*, *Limnea* cf. *conspicua*, Desh., *Nystia*, sp., *Bithinella*.

Pour apprécier l'amplitude de la faille, il faut se diriger du fond du Val de Bizy sur la Chapelle de Saint-Méauxe. On voit à gauche les silex de la craie s'élever jusqu'au plateau, jusqu'à l'altitude de 122^{m} qui paraît être la plus élevée de cette partie de la forêt ; de vastes exploitations de silex pour empierrement sont ouvertes près de la grande route descendant directement à Vernon, à l'Est du parc. Les fouilles ne dépassent guère deux mètres de profondeur ; elles permettent d'extraire la partie superficielle, altérée, fendillée, sèche, blanchie, lavée, de l'argile à silex. Les ouvriers arrêtent leur travail quand ils atteignent l'argile à silex ferme, compacte, dans laquelle les silex sont reliés par une argile tenace, imperméable, rougeâtre, et qui présente alors une plus grande difficulté d'exploitation. Quelques cailloux ou galets de silex noirs de l'horizon de Sinceny sont épars sur le sol ; mais, contrairement à ce que figuraient les coupes antérieures, nous n'avons vu nulle part de terrain tertiaire *en place* sur la lèvre haute de la craie ; il est donc impossible de préciser absolument l'amplitude de la faille ; tout ce qu'il est permis d'avancer, c'est qu'elle est supérieure à l'épaisseur des dépôts tertiaires de la montée de la route d'Évreux, qui s'étagent entre 70^{m} et 130^{m} ; elle dépasse donc 60^{m}. D'autres données nous ont permis de supposer que la dénivellation était de 80^{m} environ. Les sables granitiques s'étendent en nappe sur une bonne partie du plateau et masquent les points de contact latéral, anomal, de la meulière et de la craie.

L'étude du vallon de Blaru est indispensable pour l'exacte connaissance des terrains des environs de Vernon. Si nous suivons la voie ferrée de Vernon à Pacy-sur-Eure, nous constatons qu'elle s'élève graduellement au-dessus de Gamilly et de Petit-Val, dans des limons, des éboulis et du diluvium, jusqu'au klm. 44.6 à l'altitude de 71^{m}. En cet endroit, la voie ferrée entre en tranchée et montre à droite et à gauche d'anciennes exploitations d'une craie dure, piquetée de noir, appartenant au Sénonien inférieur; il n'y a plus de traces de diluvium et de faibles paquets d'argile à silex surmontent seuls la craie de distance en distance.

La voie montant toujours dépasse le calcaire sénonien inférieur, traverse également la craie sénonienne moyenne et arrive bientôt au-dessus du moulin de la Rue de Normandie; en ce point, une vaste poche d'argile et de sables granitiques pénètre de 6 à 8^{m} dans la craie, paraissant descendre de la forêt qui règne sur le plateau. Avant d'arriver à la halte de la Rue de Normandie, une petite tranchée de craie m'a fourni: *Echinocorys vulgaris, Tragos globularis* et quelques autres fossiles du Sénonien à *Micraster cor-testudinarium*. Mais à peine a-t-on dépassé le petit bâtiment de la halte, à l'altitude 121^{m}, que le sol apparaît couvert de petits fragments de calcaire blanc et que les silex crétacés disparaissent; le Calcaire grossier supérieur vient en contact par faille avec la craie, et ce point s'aligne exactement avec le même accident observé à Montigny, au fond de Bizy, etc.

Le sous-sol est heureusement exposé dans ses détails dans une carrière située à 500^{m} à l'Ouest de la halte de la Rue de Normandie, en contrebas de la voie, dans un endroit désigné sous le nom de Courcaille (fig. 4).

Carrière de Courcaille

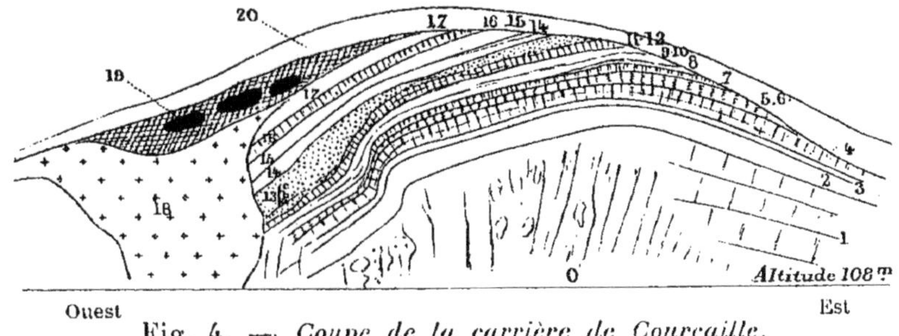

Fig. 4. — *Coupe de la carrière de Courcaille.*

20. Terre végétale ; éboulis.
19. Eboulis d'argile verte, avec blocs de calcaire de Brie.
18. Amas de sables granitiques blancs et roses.
17. Marne blanche altérée. . . . . 0^{m}50

Couche		Description	Épaisseur
16.	c.	Argile siliceuse, sèche, grise, écailleuse, à poupées calcaires.	0m40
	b.	Filet de marne blanche	0m15
	a.	Argile siliceuse, verdâtre, écailleuse, fragmentaire	0m60
15.		Calcaire blanc, marneux, souvent très dur, pétri de *Cyclostoma mumia* et autres fossiles	0m45
14.		Calcaire blanc ou jaune, dur, à lits spathiques, panachures d'argile verte, Bithinelles, fossiles mal conservés	0m60
13.	c.	Argile verdâtre sableuse, passant à la couche *b*	0m30
	b.	Calcaire argileux verdâtre, en tablettes ; rares *Portunus Hericarti*, moule de grande Limnée ; passant au suivant.	
	a.	Argile verte, très apparente, à points ferrugineux	0m15
12.	b.	Calcaire siliceux dur, sec, à Milioles	0m20
	c.	Calcaire jaune fin, Potamides, Natices	0m25
11.		Marne blanche	0m30
10.		Calcaire jaunâtre assez dur	0m20
9.		Calcaire marneux à Bithinelles	0m25
8.		Marne blanche	0m10
7.		Calcaire en plaquettes avec *Natica Parisiensis*, *Potamides lapidum*, *P. denticulatum*, *Lucina*, *Bithinella Eugenii*, Desh., *Sportella*, *Corbula*	0m18
6.	c.	Marne noirâtre, feuilletée, très fossilifère	0m30
	b.	Plaquette de calcaire dur	0m05
	a.	Marne grise très fossilifère	0m20

Venus deleta, Desh. — *Potamides Hericarti*, Desh.
Lucina albella, Lk. — » *cristatum*, Lk.
Keilostoma sp. ? — » *denticulatum*, Lk.
Ringicula ringens, Lk. — » *lapidum*, Lk.
Cerithium thiara, Lk.

Couche		Description	Épaisseur
5.		Marne blanche	0m20
4.	b.	Calcaire dur, jaunâtre, avec Potamides et Cyrènes	0m25
	a.	Calcaire siliceux, plus ou moins dolomitique, jaune, renfermant un lit très dur à *Potamides lapidum*, *Natica Parisiensis*, *Pot. denticulatum*, *Pot. cristatum*	0m45
3.		Marne verte, bien marquante, feuilletée	0m20
2.		Marne calcareuse, dure, blanche au sommet, jaune à la base, avec panachures ferrugineuses	0m80
1.		Calcaire silicifié, très dur, à cassures noires, dolomitique, caverneux au sommet ; remplaçant probablement le *banc royal* ; visible sur	1m60
0.		Eboulis calcaires. Environ	3m00

La couche 1 représente certainement les lits 1 et 2 de la coupe de 1878; le n° 4 porte le même numéro dans les deux coupes ; il nous a paru indispensable de diviser en trois horizons, 5, 6, 7, l'ancien lit n° 5. Les autres couches n'étaient pas alors accessibles.

En résumé, dans cette carrière, on voit à la base, sous des éboulis variés, un calcaire dur, souvent dolomitisé, à fossiles disséminés, qui forme certainement le sommet du *Calcaire grossier moyen* (n° 1). Il occupe la place du *banc royal* du centre du Bassin de Paris. Plus haut apparaît le banc vert et son cortège (nos 2 et 3) constituant la base du *Calcaire grossier supérieur;* enfin, s'étageant au-dessus, on voit une jolie succession de couches formant la totalité du *Calcaire grossier supérieur* (nos 4 à 12). Dans l'ancienne nomenclature, on distinguait le Calcaire grossier propre et au-dessus, des bancs mal définis étaient désignés sous le nom de Caillasses; mais nous avons démontré à plusieurs reprises qu'il n'y avait aucune distinction à faire entre ces deux groupes d'assises, que le nom de *caillasse,* très vague, emprunté à la langue des ouvriers, désignait des couches de calcaires peu épaisses et de mauvaise qualité, souvent mal suivies et fragmentaires, et que ces caractères étaient communs à tout le Calcaire grossier supérieur ; que la faune, la stratigraphie restaient les mêmes du haut en bas du dépôt, et que le mot de *caillasses,* si on voulait le conserver dans la nomenclature comme une appellation commode, devait être considéré comme strictement synonyme de *Calcaire grossier supérieur.*

Quand on est en face de la carrière de Courcaille, on est frappé par la structure corrodée, celluleuse, du banc calcaire n° 4 *a*. Cet effet est dû à un phénomène de corrosion produit par les eaux circulant dans le sol et arrêtées par la couche argileuse du banc vert. Ce banc a été longtemps une ligne de source, et il formait réservoir par sa structure.

Je passe rapidement sur un lit marneux, ligniteux, noir ou gris par places (n° 6) et qui contient en certains points une jolie faunule de coquilles bien conservées, déterminées avec le concours amical du Dr Bezançon. Plus haut et seulement dans la partie gauche de la carrière, on constate des couches argilo-sableuses verdâtres, contrastantes avec toutes les autres couches (n° 13 *a-c*); elles sont le représentant des *Sables moyens;* le contact avec le Calcaire grossier est corrodé et inégal ; nous y avons trouvé un débris de Crustacé caractéristique.

Cette formation est surmontée par des marnes blanches, des calcaires durs et finalement par une argile écailleuse à cassure polyédrique, fragmentaire, qui est très caractéristique. D'après leur faune, comme d'après leur place, ces couches (14 à 17) appartiennent incontestablement au *Calcaire de Saint-Ouen ;* ce sont les mêmes que nous avons signalées au vallon de Bizy, et nous avions constaté anciennement déjà la position de cette argile verdâtre, écailleuse, dans la tranchée d'adduction de l'Avre à la Haute-Pissotte, au-dessus de Neauphle-le-Vieux. Ces couches sont d'ailleurs beaucoup descendues à flanc de coteau et se retrouvent à leur vraie place un peu plus loin au niveau même de la voie ferrée.

Enfin, tout à fait dans le coin Ouest de la carrière, apparaissent les *Sables granitiques ;* ils sont flanqués contre les couches de Saint-Ouen, sans que le contact immédiat soit visible ; ils descendent jusqu'au niveau le plus bas du calcaire grossier ; ils sont blancs, de calibre sensiblement uniforme, sans stratification apparente et dans une position extrêmement singulière. Les anciens observateurs ont pensé qu'ils remplissaient des failles ; mais de nouvelles recherches ont montré qu'ils remplissaient des poches, des effondrements, des puits naturels, s'étendant aussi en nappe sur les plateaux et déversés sur le flanc des hautes ondulations.

Ces sables sont surmontés, dans la carrière de Courcaille, par une argile verte éboulée, renfermant des blocs volumineux, disséminés, de Meulière de Brie ; on peut voir ces roches en place, dans une position stratigraphique différente, dans la tranchée en amont du chemin de fer, à 200^{m} à l'Ouest ; on voit les Sables granitiques recouvrir les *Argiles vertes à Meulières de Brie,* en les ravinant profondément sur plusieurs centaines de mètres de longueur.

Tout le flanc gauche du ravin de Blaru, en amont de Courcaille, est couvert de sables granitiques affleurant à toutes hauteurs. Deux petites exploitations, dont il n'est pas inutile de reproduire les coupes, donnent les successions suivantes (fig. 5 et 6) :

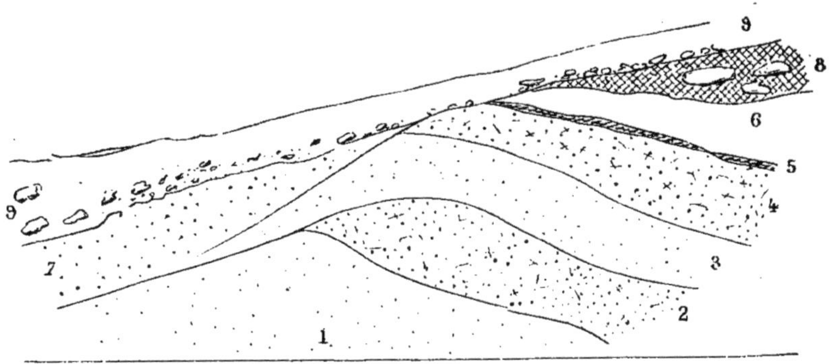

Fig. 5. — *Carrière de Sables granitiques à Courcaille.*

9. Eboulis grossiers avec grains granitiques, débris meuliers, terre de bruyère.
8. Argile verte avec blocs de meulière de Brie.
7. Sable granitique impur avec débris divers.
6. Argile blanche.
5. Filet argileux rouge.
4. Sable granitique très grossier, rougeâtre.
3. Sable granitique verdâtre, fin, pur.
2. Sable granitique très grossier, blanc, pur.
1. Sable granitique très fin, blanc, pur.

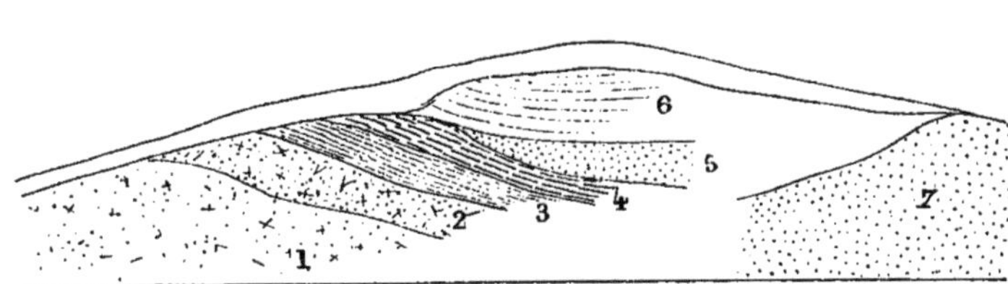

Fig. 6. — *Autre carrière de Sables granitiques à Courcaille.*

7. Sable granitique blanc.
6. Argile grise fine.
5. Sable jaune, assez fin.
4. Argile noire, ligniteuse.
3. Argile gris clair.
2. Sable granitique grossier, rougeâtre.
1. Sable granitique grossier, blanc.

Dans la tranchée au-dessus, dans les fossés de la voie ferrée, on voit en un plan très ondulé, coupant deux fois le plan de la plate-forme du chemin de fer, un calcaire très dur, bréchiforme, paraissant appartenir au *Calcaire de Champigny;* au-dessus des marnes blanches, puis une argile verdâtre, avec gros bancs de *Meulière de Brie,* le tout très irrégulièrement raviné par les sables granitiques.

Tout ce vallon de Blaru est intéressant ; tandis que le flanc gauche est escarpé et permet les diverses observations que nous venons de noter, le flanc droit en pente très douce est couvert d'un épais limon, pas assez épais cependant pour masquer l'affleurement des sables granitiques qu'on a exploités par fosses, et l'affleurement de la Meulière de Brie qui a été exploitée largement au milieu d'un grand champ, vers « les Bons-Soins. » Au fond du vallon sortent de jolies sources qui jaillissent au contact de l'*Argile du Soissonnais :* les galets de Sinceny, les sables fauves de Cuise, se laissent apercevoir dans divers champs et se prolongent vers Blaru.

Dans le vallon latéral, où est placée l'église de Blaru, le Calcaire grossier est visible ; il forme la partie basse, escarpée : dans le cimetière, on constate les couches supérieures du Calcaire grossier supérieur, les sables argileux des sables moyens et les calcaires marneux de Saint-Ouen ; plus haut, au Hameau du Chênet, on atteint le Calcaire de Champigny, l'Argile verte et le Calcaire de Brie. La Mare Boinville est sur les marnes du Calcaire de Brie à l'altitude de 143^{m}, et la faille se manifeste à 200^{m} à l'Est par la présence presque au même niveau de nombreux silex crétacés. L'ancienne carte figure une inflexion de la faille qui n'existe pas ; elle se poursuit en réalité directement et va passer dans la dépression des Petites-Tasses, vers la cote 138 ; des paquets de Sables granitiques, disposés indifféremment sur la Craie ou sur le Tertiaire, sous le limon, contribuent à masquer sur tout ce grand plateau le tracé de l'accident géologique.

Le fond du ravin de Blaru forme la limite entre l'Ile-de-France et l'ancienne Normandie, entre le département de l'Eure et celui de Seine-et-Oise ; de Sénarmont, dans sa description géologique, est arrivé jusqu'à cette localité, mais sans saisir exactement les particularités de la région ; il dit :

« A la naissance du vallon de Blaru, l'argile plastique se rencontre au milieu même du village, elle donne naissance à des sources abondantes qui se sont ouvert un lit en la tranchant dans toute son épaisseur. Il n'est pas moins facile d'observer en cet endroit les couches calcaires (calcaire grossier et calcaire lacustre inférieur) supérieures à l'argile, et leur position présente une particularité remarquable : A l'Ouest du village, vers le bois des Mi-Faucons, la craie forme une falaise très escarpée et domine d'au moins 30 mètres les roches tertiaires qui viennent en couche réglées se terminer au pied de cet escarpement. Cette situation anomale ne paraît pas tenir à l'existence d'une faille ; il faut donc que la craie ait présenté en ce point une falaise abrupte au bord du bassin où les couches tertiaires se sont déposées » (1).

L'auteur ne donne aucune raison pour démontrer que cette situation anomale ne paraît pas tenir à l'existence d'une faille ; s'il avait dépassé la limite du département et visité Bizy, Montigny et autres points de la vallée de la Seine, il aurait pu se convaincre de la réalité de la faille et n'aurait pas imaginé l'hypothèse d'une falaise, hypothèse contre laquelle la nature même des sédiments voisins qu'il observait devait le mettre en garde.

De Sénarmont nous a conservé la coupe d'une tuilerie qui existait dans ce fond de Blaru et qui montrait la succession suivante :

Coupe du fond de Blaru

6.	Calcaire sableux, jaunâtre, grossier, en masse homogène peu solide.	
5.	Calcaire grossier, sableux, assez consistant, en petits bancs . .	
4.	Sable calcaire grossier, jaunâtre et cohérent, environ.	2m00
3.	Sables d'une épaisseur indéterminable ; il en sort des sources. .	
2.	Argile grise avec filets noirs et pyriteux, environ	2m00
1.	Craie.	

Cette succession, bien que rudimentaire, complète la coupe de Courcaille et donne la série des terrains qui séparent la craie des couches les plus basses visibles dans cette carrière.

Il me reste à signaler la présence sur le plateau du Chêne-Godon d'un vaste dépôt caillouteux culminant, que j'ai attribué au Pliocène.

(1) De Sénarmont, *Essai d'une description géologique du département de Seine-et-Oise*. Paris, 1859, p. 201.

Ce sont des sables grossiers, à éléments granitiques prépondérants, avec nombreux cailloux de silex de la craie appartenant à des niveaux très divers, patinés, étonnés ou arrondis, débris meuliers de taille et de forme diverses, enfin galets marins remaniés des lignites (1).

Tous ces terrains superficiels sont difficiles à classer et de Sénarmont déjà en signalait la variété ; il dit, entre autres choses : « Toute la plaine élevée entre l'Eure et la Seine est couverte de sables grossiers, micacés, à grains inégaux de quartz demi-translucide, blancs ou teints superficiellement de couleurs jaune, rouge et lie de vin, par de l'oxyde de fer. Ils sont associés à des amas d'argiles bigarrées des mêmes couleurs, souvent blanchâtres et très pures, ou qui renferment quelques parties noirâtres bitumineuses. » Plus loin : Ces sables enveloppent des meulières et des silex. A Houlbec, la meulière exploitée est puissante et disposée au milieu des sables et des argiles en bancs disloqués et discontinus. Dans la forêt de Bizy, les mêmes sables sont associés soit à la meulière, soit aux silex. Quand on traverse cette forêt du Nord-Ouest au Sud-Est, on passe d'un terrain à l'autre sans solution de continuité » (2).

Si nous poursuivons l'excursion dans une autre direction, par la route de Blaru à Chauffour-les-Bonnières, nous rencontrerons, au lieu dit « la Tuilerie », plusieurs fouilles qui montrent les Sables granitiques dans des dispositions stratigraphiques singulières et à un niveau hypsométrique assez élevé (fig. 7 et 7 *bis*).

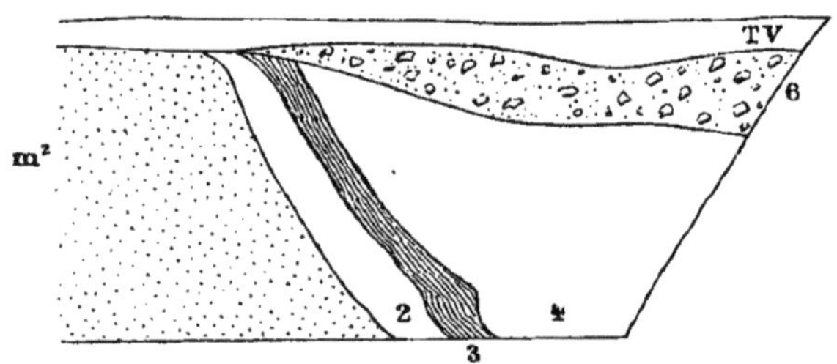

Fig. 7. — *Coupe de la Tuilerie de Blaru* (altitude 118m).

(1) Voyez sur ces graviers culminants : G. Dollfus, Bull. Serv. Carte Géol. Trav. des Coll. Révision des feuilles de Melun et de Rouen, t. VI, p. 7, t. VII, p. 7, t. VIII, p. 7.

(2) *Loc. cit.*, p. 209.

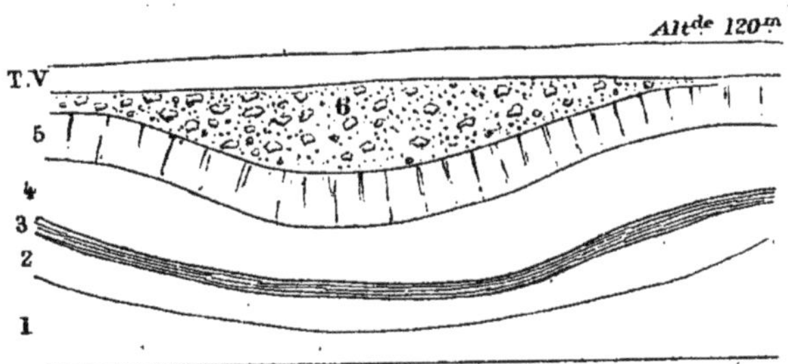

Fig. 7 *bis*. — *Autre coupe de la Tuilerie de Blaru* (altitude 118^m).

6. Limon avec silex meuliers	0^{m}20 à 1^{m}00
5. Argile jaune, limoneuse	1^{m}80
4. Argile grise	1^{m}10
3. Bande d'argile noire	0^{m}10
2. Argile jaune	0^{m}20
1. Argile grise, visible sur	1^{m}00

*m*². Sables granitiques blancs dont les relations stratigraphiques avec les autres couches ne sont pas certaines.

Plus haut, en montant vers les Delaunais, une double fouille à droite et à gauche de la route permet de relever une jolie succession comme suit :

Coupe aux Delaunais (altitude 136^m).

4. Calcaire siliceux, caverneux *(Calcaire de Brie)* sur	2^{m}50
3. Argile vert-pomme *(Marnes vertes)*.	1^{m}60
2. Marne blanche et jaune	0^{m}60
1. Calcaire grumeleux, blanc et jaune, irrégulièrement endurci *(Calcaire de Champigny)*, visible sur	2^{m}00

En arrivant plus haut sur le territoire de Chauffour-les-Bonnières, vers le lieu dit « les Petites-Tasses », de nombreuses exploitations de meulières permettent de relever diverses coupes, parmi lesquelles nous choisissons la plus complète (altitude 150^m).

Coupe aux Petites-Tasses.

7. Limon terreux	0^{m}25
6. Limon argileux foncé	0^{m}30

5.	Limon argileux avec nombreux cailloux meuliers	1m00
4.	Sables jaunâtres et rougeâtres *(Sables de Fontainebleau)*	1m80
3.	Argile stratifiée verte et brune, avec poches de sable blanc	0m30
2.	Argile avec lit interrompu de meulière	0m08
1.	Meulière en bancs épais, très dure, sur	1m00

Les débris meuliers du limon 5 appartiennent à la *Meulière de Beauce* et possèdent un aspect très différent des débris meuliers des assises 1, 2 qui appartiennent à l'étage du *Calcaire de Brie*. La meulière de Brie, largement exploitée aux Tasses, est fort siliceuse ; on voit de petites cellules irrégulières à la surface des blocs ; la cassure montre une structure bréchiforme dans laquelle des fragments anguleux, blancs, à centre cristallin, sont noyés dans un silex colloïde. Nous n'avons vu aucun fossile. Cette butte de Chauffour n'est pas assez élevée (157m) pour qu'on puisse y rencontrer la Meulière de Beauce en place au-dessus des Sables de Fontainebleau, mais on en trouve partout de nombreux débris épars.

Un peu au-dessous de la ferme du Buisson, à 2,400m au N.-O. de Chauffour, une petite carrière donne encore quelques détails intéressants.

Coupe de la Carrière du Buisson (altitude 138m).

4.	Débris de meulière de Brie, terre végétale	0m30
3.	Argile verte bien nette	0m30 à 1m00
2.	Marne blanche	0m40
	Marne grise et noire	0m05 à 0m15
	Marne blanche	0m40
1.	Calcaire grumeleux blanchâtre *(Champigny)* sur	0m30

Le Calcaire grumeleux est le même que celui des Delaunais ; la marne blanche de la même coupe est ici divisée en trois niveaux et sa nature comme sa place permettent de supposer que nous avons affaire à l'horizon des *marnes blanches à Limnea strigosa*, situées au-dessus du gypse aux environs de Paris.

Il est facile de juger que le Calcaire de Brie forme le soubassement de toutes les collines sableuses qui dominent la région et que cette couche argilo-meulière s'incline à l'Est et à l'Ouest en une vaste voûte anticlinale. Le profil transversal que nous avons levé en suivant la voie ferrée en donnera une idée exacte (pl. I).

Dans la tranchée du chemin de fer, près du passage à niveau de la station de Douains (alt. 134^m), on trouve la Meulière de Brie recouverte par les Sables granitiques et, au-dessus du village de Douains, une recherche d'eau dans la colline au Nord-Est qui porte la cote 149^m nous a permis de relever la succession suivante :

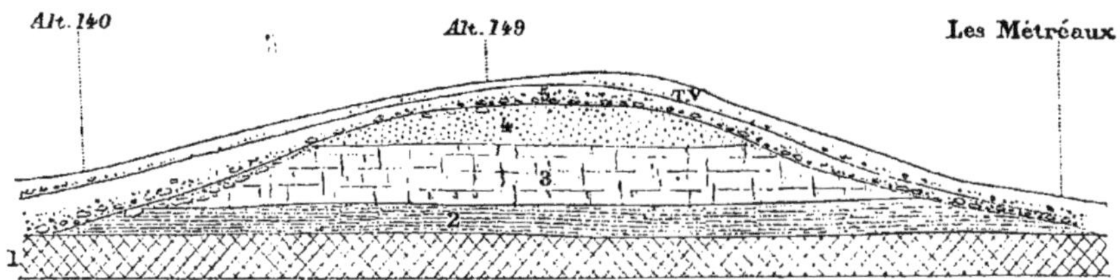

Fig. 8. — *Coupe de la colline de Douains,*

5. Limon sableux avec débris de meulière de Beauce à la base . . .	1^{m}50
4. *Sables de Fontainebleau*	2^{m}20
3. *Meulière de Brie*, bancs très durs	2^{m}60
2. Argile verte, niveau d'eau	1^{m}30
1. Calcaire grumeleux, blanchâtre sur	2^{m}00

Tous les affleurements de l'argile verte donnent naissance à des lignes de source ; ce sont des plans imperméables qui groupent les eaux atmosphériques de la région supérieure sableuse. Mais le volume de ces sources reste précaire, en raison même de leur nombre, de la faible surface occupée par les sables supérieurs et de l'écoulement sur les deux versants provoqué par la disposition anticlinale dont nous avons parlé.

Non loin de là, dans la tranchée du chemin de fer, au Hameau des Métréaux, on voit au-dessus de l'argile verte un calcaire blanchâtre, fossilifère, qui n'est autre que le *Calcaire de Brie* normal, non meuliérisé, et dans lequel nous avons ramassé quelques coquilles :

Nystia terebra, Brongt. sp. *(Bulimus)* 1810.
Brongt., Mém. sur les Terr. formés sous l'eau douce, pl. II, fig. 2.

Desh., Coq. foss. env. Paris, pl. XVI, fig. 5.
Syn. ? *Bithinia Duchasteli*, Nyst. sp. *(Cyclostoma)* 1835.
Syn. ? *Cyclostoma truncatum*, Brard.
Bithinella minuta, Desh., An. sans vert., pl. XXXIV, fig. 4-6.
Includ. *B. Eugenii*, Desh., An. sans vert., pl. XXXIV, fig. 7-9, fide Cossmann.
Limnea sp. ?
Chara sp. ?

La détermination des fossiles de l'horizon du Calcaire de Brie présente des difficultés exceptionnelles, ce qui provient de ce qu'on ne connaît aucun gîte dans lequel ces espèces soient parfaitement conservées, et elles n'ont jamais été l'objet d'aucune étude spéciale.

D'après toutes ces coupes, la succession des couches de l'Oligocène moyen et supérieur ne laisse aucun doute et ne présente pas de lacune; la base est moins connue, la composition et la base du Calcaire de Champigny restant indécises. Cependant, une coupe prise dans une carrière au milieu des champs à 1 kilom. de Douains, vers la cote 136, s'applique certainement à cette région stratigraphique. On y voyait :

Carrière de Douains (cote 136).

10.	Calcaire blanc, solide, pénétré de limon	1m50
9.	Calcaire marneux blanc	0m20
8.	Cordon d'argile verte.	0m05 à 0m10
7.	Marne calcaire blanchâtre	0m30
6.	Calcaire blanc, à cassure jaune, avec tubulures	0m18
5.	Marne blanche	0m80
4.	Cordon d'argile irrégulier, ondulé.	0m05
3.	Marne grumeleuse, tendre, blanche	0m25
2.	— — jaune	0m30
1.	— dure, stratifiée, sur	1m00

A une distance de 300m environ de cette carrière, sur la route de Gournay, une autre excavation à un niveau un peu inférieur montre le calcaire de Saint-Ouen ; c'est un calcaire d'un gris-rosâtre, dur, à inclusions d'un calcaire jaune de forme pisolithique ; on y trouve : *Limnea pyramidalis*, Brard, *Megalomastoma (Dissostoma) mumia*, Lamk. sp. *(Cyclostoma)* var. *gracilis*, espèce bien différente de celle du calcaire grossier désignée sous le même nom, de forme bien plus grêle, mesurant 20 mill. de long sur 7 mill. de large ; la surface est couverte de 7 à 8 faibles cordons décurrents et de stries d'accroissement également peu apparentes.

Il importe de faire un petit détour pour examiner une sablière ouverte à quelques pas du chemin qui va de Gournay à Chauffour, auprès du passage à niveau de la voie ferrée, à l'altitude de 120m ; on observe :

Carrière de Gournay.

4.	Limon terreux	0m40
3.	Limon avec éboulis meuliers, cailloux divers (meulière de Beauce).	1m60
2.	*b* Sables granitiques grossiers, rougeâtres, en lits obliques avec argiles rouges	0m40 à 2m00
	a Veines d'argile grise pure	0m10
1.	Sable blanc, fin, un peu micacé (*Sable de Fontainebleau*), visible sur	5m00

En descendant le ravin occupé par la voie ferrée conduisant à Pacy, on voit bientôt apparaître dans un champ à droite une petite carrière renfermant un calcaire en plaquettes plus ou moins endurci appartenant au *Calcaire grossier supérieur* et contenant :

Venus secunda, Desh. (*V. Geslini*, sec. ali. auct.).
Ampullina Parisiensis, d'Orb.
Potamides denticulatum, Lamk.
» *cristatum*, Lamk.
» *lapidum*, Lamk.

Plus bas, on trouve une tranchée assez haute dans un calcaire à milioles de consistance variable et qui, dans les points où il est friable, a fourni une jolie faune appartenant au *Calcaire grossier moyen*. En même temps, on trouve éboulés sur le talus de nombreux fossiles silicifiés dans une argile rouge ou brunâtre qui est accompagnée de blocs de calcaire grossier meuliérisé ; il y a lieu de croire que cette couche dépend du *banc vert*, qu'elle occupe un horizon supérieur à la couche miliolitique de la série voisine et qu'elle est descendue à flanc de coteau en conservant ses caractères comme formée d'éléments insolubles. Nous avons dressé la liste suivante des espèces silicifiées, tant des récoltes de M. Chédeville que de celles que nous avons pu faire nous-même. Nous avons prié M. le Dr Bezançon de contrôler nos déterminations.

Potamides lapidum, Lamk.
» *cristatum*, Lamk.
» *denticulatum*, Lamk.
Potamides tristriatum, Lamk.
Cerithium thiarella, Desh.
Limnea longiscala, Desh.

Aussitôt après cette tranchée, au kil. 54,7, à l'altitude de 107m, à un passage à niveau qui précède le point où la voie ferrée franchit le vallon pour passer sur le flanc gauche, on découvre une carrière profonde, en contrebas de la voie, qui s'élève bientôt jusqu'à son niveau et même au-dessus, sans stratification bien nette, et présentant le *Calcaire grossier moyen* avec le *faciès* dit *de Pacy-sur-Eure*. Cette carrière et la tranchée du chemin de fer formant un seul horizon, nous avons confondu les récoltes qu'on peut y faire.

Faune de la tranchée du chemin de fer

Calcaire grossier moyen

Corbula rugosa, Lamk.
Cardita serrulata, Desh.
» *ambigua*, Desh.
Cardium obliquum, Lamk.
Trinacria delloïdea, Desh.
Lucina elegans, Desh.
» *callosa*, Lamk.
Cyrena compressa, Desh.
var. *Rigaulti*.
Erycina Grignoniensis, Desh.
Ostrea plicata, Sol.
(*O. flabellula*, Lamk.)
Anomia rugosula, Desh.
Littorina tricostalis, Desh.
Nystia polita, Sow.
Bulla conulus, Desh.
» *Lebruni*, Desh.
Turbo Henrici, Caillat.
Natica patula, Lamk.
» *Willemeti*, Desh.
» *tenuicula*, Desh.
Stenothyra globulus, Desh.
Turritella imbricataria, Lamk.
Cerithium semicoronatum, Lamk.
» *cinctum*, Brug.
» *echidnoïdes*, Lamk.
» *tricarinatum*, Lamk.
var. *acus*, Desh.
Fusus costulatus, Lamk.
Murex calcitrapoïdes, Lamk.
Purpura crassilabrum, Desh.
Tritonidea excisa, Lamk.
» *polygona*, Lamk.

Dans un petit bois de bouleaux beaucoup au-dessus du passage à niveau, diverses petites fouilles ont fourni une faune assez différente qui appartient au *Calcaire grossier supérieur* et qui présente même des affinités si grandes avec les *Sables moyens* qu'on peut se demander au premier abord à quel étage elle appartient exactement. Voici cette faune :

Faune du bois de bouleaux entre Chaignes et Douains

Calcaire grossier supérieur

Corbula angulata, Lamk.
Venus Geslini, Desh.
Cyrena compressa, Desh.
var. *Rigaulti.*
Lucina saxorum, Lamk.
Scalaria heteromorpha, Desh.
Auricula Lamarckii, Desh.
» *ovata,* Lamk.
Bithinia Desmaresti, Desh.
» *conica,* Desh.
» *microstoma,* Desh.
» *nitens,* Desh.
Planorbis nitidulus, Lamk.
Natica Parisiensis, d'Orb.
Fusus subcarinatus, Lamk.
Tritonidea polygona, Lamk.
Potamides denticulatum, Lamk.
» *cristatum*, Lamk.
» *lapidum,* Lamk.
Cerithium Bonellii, Desh.
» *angulosum,* Lamk.
» *tricarinatum*, Lamk. variété.
» *interruptum,* Lamk.
» *echidnoïdes,* Lamk.
» *muricoïdes,* Lamk.

On a trouvé plusieurs exemplaires remarquables de *Turbo Henrici,* Caillat, belle et rare espèce, dans les berges du chemin creux montant au-dessus de la carrière ; il faut aussi appeler l'attention sur les beaux *Cerithium tricarinatum* du bois de bouleaux ; cette forme est parfaitement distincte de celle du Calcaire grossier moyen, de celle des sables de Mortefontaine dans les sables moyens, et distincte aussi de celle des sables de Marines à la base du Gypse, ainsi que l'a montré M. Munier-Chalmas.

Toute la plaine de Douains et la forêt de Pacy montrent que les Sables granitiques y forment une nappe continue ; au lieu dit « la Sablonnière », on voit de vastes excavations ouvertes pour l'extraction d'une argile noire et grise qui sert à faire des tuiles et qui dépend des Sables granitiques ; les coupes sont semblables à celles de Blaru et à celles plus importantes que nous verrons plus loin visibles à la Cailleterie. La descente sur Pacy par la grande route montre les Sables granitiques ravinant le Calcaire grossier supérieur. Mais la descente en suivant la ligne du chemin de fer est plus intéressante ; elle permet de constater le contact du Calcaire grossier sur la Craie ; on y observe que le Calcaire grossier descend rapidement au Sud-Ouest comme la Craie elle-même. Au kilomètre n° 55, le Calcaire grossier est surmonté par un paquet de Sables granitiques et au kilomètre 56 on peut relever la coupe suivante (fig. 9) :

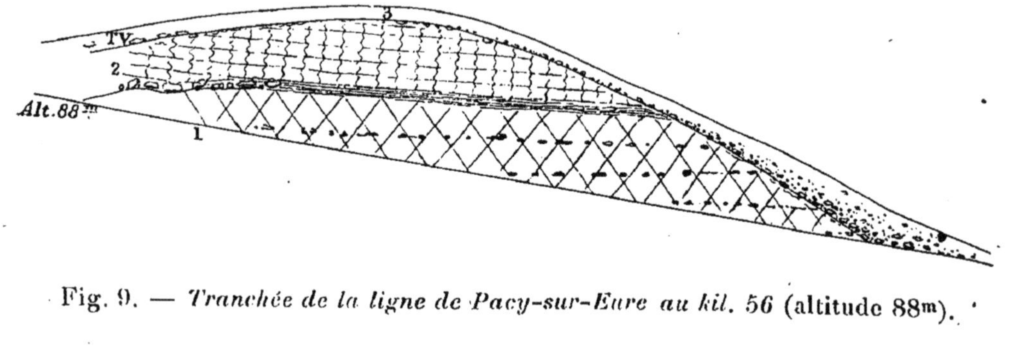

Fig. 9. — *Tranchée de la ligne de Pacy-sur-Eure au kil. 56* (altitude 88m).

3. Terre végétale rougeâtre.	0m30
2. Calcaire grossier à milioles, un peu glauconieux, avec débris de quartz gris, nombreux *Miliolidæ : Triloculina, Quinqueloculina* (faciès de Pacy)	1m80
1. Craie blanche, un peu marneuse et lavée à la surface, normale à une faible profondeur, silex noirs, visible sur.	4m50

La craie appartient sans incertitude au Sénonien supérieur ; nous y avons trouvé un bel exemplaire d'*Echinocorys ovatus* qui mesurait : longueur 90 millim., largeur 75 millim., hauteur 70 millim. ; la surface est altérée et rendue argileuse par l'infiltration des eaux, elle n'a pas l'aspect raviné. Le Calcaire grossier est souvent en plaquettes et ferrugineux ; il est légèrement argileux par place, par suite de l'altération de la glauconie qu'il renferme.

Il est à remarquer qu'il n'y a ici aucune formation intermédiaire entre le Calcaire grossier et la Craie, pas d'Argile à silex, pas de

Lignites du Soissonnais, pas de galets de Sinceny ou de sables de Cuise, pas de Calcaire grossier inférieur, et même il n'existe aucun galet ou débris grossier remanié à la base du Calcaire grossier moyen. Dans une autre petite tranchée, vers le kil. 57 et vers 75^{m} d'altitude, on voit encore le même contact, mais le Calcaire grossier est réduit. Au-delà, vers Pacy, les tranchées ne montrent plus que la craie blanche, quelques paquets d'argile à silex et des limons de lavage plus ou moins développés, exploités, au débouché du chemin de fer. A noter enfin, au kil. 58, au passage à niveau, la présence d'une poche de sables granitiques remontant à flanc de coteau jusqu'à la ferme de Beauvais, sous le village d'Aigleville.

III. Environs de Pacy-sur-Eure

A Pacy-sur-Eure, la craie occupe toute la partie basse des collines s'élevant un peu plus haut sur la rive gauche que sur la rive droite ; le fond même de la vallée est rempli par des alluvions médiocres qui surmontent un important diluvium. Ce diluvium, formé de cailloux roulés provenant des bassins d'amont de l'Eure et de ses affluents, s'élève en terrasses sur les côtés de la vallée et n'est recouvert que par des limons de lavage qui ont glissé par ruissellement sur les pentes depuis le haut des plateaux.

Nous examinerons en premier la rive droite de l'Eure. A Ménilles et sur la commune de Cocherel, on trouve à côté de la route et de la voie ferrée (altitude 40^{m}) une grande carrière de craie qui montre la succession des couches sur une vingtaine de mètres de hauteur ; cette craie a fourni : *Ostrea serrata*, Defr. (1), *Belemnitella quadrata*, *Echinocorys ovatus*, *Rhynchonella*, *Serpula*, etc., fossiles qui ont permis de la classer dans le Sénonien supérieur. Un peu plus loin, le coteau de Chambray, au lieu dit « Côte aux Anglais », près de Cocherel, a fourni une bonne coupe des terrains qui est typique pour la région (fig. 10).

(1) *Ostrea serrata*, Defr. Brongniart, Desc. Géol. env. Paris, pl. XIV, fig. 10 A, B, p. 36 et 625, Dreux.

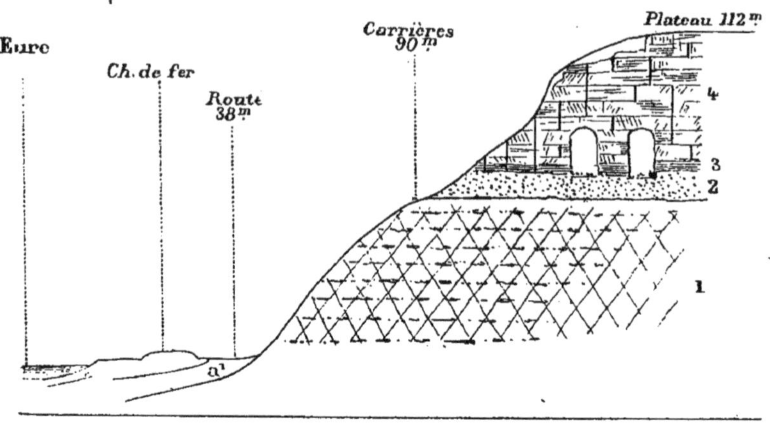

Fig. 10. — *Coupe du coteau de Chambray.*

4. Calcaire grossier à milioles irrégulièrement endurci, à stratification entrecroisée, renfermant principalement au sommet : *Corbis lamellosa, Lucina concentrica, Cardium* sp. ? et à la base : *Cerithium giganteum, Crassatella plumbea,* gros Foraminifères : *Rotalia trochiformis*, Lamk sp., *Fabularia discolites*, Defr., Bryozoaires : *Escharinella damæcornis*, Mich. sp., environ . . 15m00
3. Calcaire grossier arénacé, avec galets noirs, remaniés, coquilles brisées, *Pecten*, *Ostrea,* Bryozoaires, Echinides (*Calcaire grossier moyen*). 0m40
2. Sable fin, jaunâtre, pur, avec lit de galets noirs remaniés à la base (*Sables de Cuise*). 1m50
1. Craie blanche à silex noirs, surface ravinée (*Sénonien supérieur*). 50m00

Les galets qu'on trouve à la base du Calcaire grossier sont tout à fait les mêmes que ceux qu'on rencontre à la base des Sables de Cuise; ce ne sont que des galets remaniés de l'horizon de Sinceny, galets en tout semblables à ceux que nous avons observés à Bizy entre les lignites du Soissonnais et les Sables de Cuise; nous avons trouvé qu'ils avaient un poids moyen de 10 à 12 grammes, et que leur dimension moyenne était 20 × 26 × 12 millimètres. Ils sont ovoïdes, un peu aplatis et composés de silex de la craie dont ils renferment parfois des débris fossiles (Echinides). Il n'est pas sans intérêt d'insister encore sur ces galets qui sont ainsi repris, remaniés, de rivages en rivages, par les mers successives. Dans la région que nous étudions en ce moment, nous les avons revus beaucoup plus haut encore sans modification, et distingués entre beaucoup d'autres débris à la base des Sables de Fontainebleau, dans les Sables de la Sologne, dans les Graviers pliocènes et dans les diverses terrasses du Diluvium quaternaire. La présence des Sables de Cuise entre la Craie et le Calcaire grossier est fort irrégulière ; ils manquent le plus souvent et, s'ils existent, leur épaisseur est fort variable ; elle peut atteindre 3 à 4^{m}.

Le Calcaire grossier supérieur n'apparaît pas. Il n'existe pas sur le plateau de Chambray ; par contre, les Sables granitiques forment une nappe continue ; vers la cote 124, les champs sont jonchés de débris meuliers, les uns appartenant au Calcaire grossier supérieur et renfermant le *Potamides lapidum*, les autres appartenant au Calcaire de Beauce et contenant le *Chara medicaginula,* ainsi que diverses formes de Limnées caractéristiques. On peut dire que ce n'est qu'au-dessus de Ménilles, au Nord de la cote 115, dans le chemin qui monte à la cote 133, que le Calcaire grossier supérieur apparaît, et il apparaît par suite de la pente naturelle des couches vers le Sud et non parce que le niveau du plateau s'élève ou que les couches inférieures s'amincissent ; nous en verrons plus loin le détail.

Au Hameau de la Cailleterie, une vaste tuilerie, exploitée par M. Chevalier, montre des coupes d'un très grand intérêt ; on y voit des amas de sable granitique et d'argile descendant profondément dans des poches au niveau du Calcaire grossier. La disposition stratigraphique de tous ces dépôts est fort irrégulière, et on comprend en les observant que de nombreux géologues leur aient attribué une origine interne, une éjaculation venue de la profondeur d'une région inconnue. Bon nombre de faits sont cependant inexplicables quand on suppose une origine profonde ; c'est d'abord l'amoindrissement des poches et le rétrécissement des cavités à mesure qu'on pénètre à une profondeur plus grande, c'est la présence de nombreux débris superficiels comme les cailloux roulés, débris meuliers, épars à toutes hauteurs dans les sables, c'est enfin la disposition stratifiée des couches argileuses, etc. Voici le croquis d'une des grandes fosses ouvertes pour l'extraction de l'argile (fig. 11) :

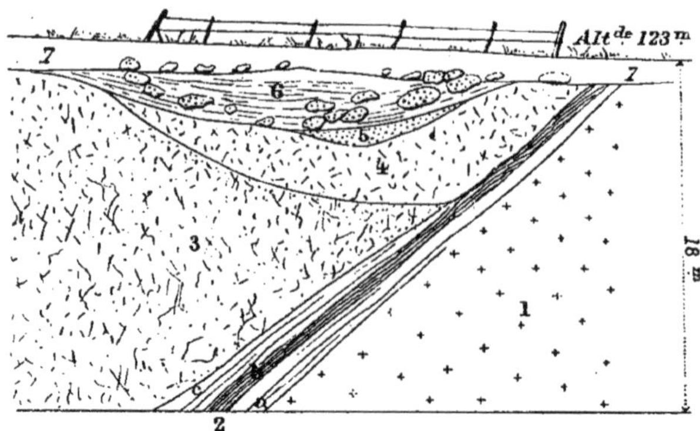

Fig. 11. — *Coupe à la Cailleterie.*

7. Limon. 0m60
6. Limon argileux, granitique avec blocs anguleux, énormes, de meulière de Beauce fossilière.
5. Sable jaune fin *(Sables de Fontainebleau éboulés)*.
4. Sable granitique gris.
3. Sable granitique rougeâtre.
2. { *c* Argile plastique grise.
b Argile plastique noire.
a Argile plastique grise.
1. Sable granitique blanc.

Cette argile grise et noire dépendant des Sables granitiques est fine, sèche, luisante; son aspect minéralogique est bien différent de l'argile appartenant aux Lignites du Soissonnais ; il semble qu'elle dérive plus directement de la décomposition du feldspath et renferme souvent encore des grains de quartz hyalin. J'opposerai en deux colonnes divers gisements de la région qui me paraissent appartenir aux deux formations :

Argiles du Soissonnais	Argiles de la Sologne
Gîte du Fond de Bizy.	Carrières de Courcaille, près Blaru.
Vieux-Villers, près Gaillon.	La Cailleterie. — La Sablonnière.
Ailly-Heudebouville.	La Roquette, près Les Andelys.
Vironvay.	Watteville.
La Haye-Malherbe.	Amfréville-sous-les-Monts.
Tostes.	Romilly-sur-Andelle. — Ymare.
Venables.	Saint-Aubin-Celloville.

Le plus souvent, les dépôts argileux du Soissonnais interstratifiés avec des sables jaunes, généralement fins, sont fossilifères ; on arrive à y découvrir quelques Cyrènes en plus ou moins bon état, des débris d'*Ostrea,* des amas de galets culminants ; dans les dépôts ainsi bien caractérisés, nous n'avons jamais vu dans la région aucun dépôt de caractère granitique, aucun sable grossier susceptible d'être confondu avec les Sables de la Sologne (1).

Plus nous examinons ces dépôts de sables granitiques, plus ils nous apparaissent comme une très ancienne alluvion ayant raviné profondément toutes les formations de la région du Crétacé, à l'Oligocène, alluvion acide ayant pénétré par poches dans les terrains calcaires sous-jacents, alluvion ayant entraîné sur son passage des débris de roches siliceuses des terrains environnants, ayant déchaussé les couches culminantes de la meulière de Beauce dont elle a entraîné les débris à un niveau très inférieur.

De plus cette ancienne alluvion, venue du Plateau central, a subi postérieurement à son dépôt de grands mouvements tectoniques, elle a été soulevée beaucoup au-dessus du niveau de la mer et s'est plissée avec les autres couches du bassin de Paris, ce qui fait qu'elle se présente actuellement aux altitudes les plus contradictoires, ce qui rend fort difficiles les constatations nécessaires pour la restitution de son ancienne extension.

Dans le vallon même de Ménilles, on trouve plusieurs carrières de Calcaire grossier ; près de la ferme des Acres, nous avons relevé dans l'une d'entre elles la coupe suivante, qui nous renseigne sur la constitution du sol du plateau.

Carrière des Acres, près Ménilles

7. Terre végétale	0m40
6. Eboulis calcaire altéré.	1m00
5. Marne blanche.	0m60
4. Calcaire blanchâtre, en lits multiples, avec *Potamides lapidum* .	2m50

(1) Voyez sur ce sujet la dissertation de M. A. Passy, dans sa description géologique du Département de l'Eure, Evreux, 1864, p. 105 et 144. Son argile plastique *supérieure* est celle intercalée dans les sables de la Sologne, son argile plastique *inférieure* est celle intercalée entre la craie et le calcaire grossier que nous désignons maintenant comme : *Lignites du Soissonnais.*

3.	Calcaire grossier à milioles, nombreux, *Potamides lapidum*. . .	0m20
2.	Marne verte *(banc vert)*	0m28
1.	Calcaire grossier à milioles *(Calcaire grossier moyen)*, visible sur.	1m50

Les couches 2 à 5 appartiennent bien au Calcaire grossier supérieur. On remarque une petite lentille de sables granitiques gris entre les couches 1 et 2; elle aura pénétré par quelque fissure dont on ne voit plus la trace.

Plus bas, on trouve dans le vallon (altitude 85m) un niveau d'eau dans un mince lit de sable verdâtre un peu argileux au contact du Calcaire grossier et de la Craie. Cette craie, marneuse au sommet, est chargée d'un amas de gros silex provenant de la dissolution sur place de la zône supérieure, mais sans qu'il en soit résulté une argile à silex proprement dite.

Il faut encore noter à Ménilles un gisement assez riche de coquilles du Calcaire grossier moyen vers la cote 115, mais nous n'avons pas eu le loisir de l'explorer; il y avait en abondance sur le sol *Cerithium interruptum*, *C. cuspidatum*, *Fusus rugosus*, *Anomia*, etc.

Examinons maintenant la rive gauche de l'Eure.

Le gîte de Calcaire grossier, désigné comme Calcaire de Pacy-sur-Eure, est en réalité sur les communes voisines de Saint-Aquilin et du Plessis-Hébert. La Craie s'élève très haut sur le flanc de ces coteaux, jusqu'à la cote 110m; sur la route de Pacy à Saint-André, par exemple, ce n'est qu'au dernier tournant, à quelques centaines de mètres avant d'arriver sur le plateau, que le terrain tertiaire apparaît. Dans la tranchée de la route, on voit la Craie ravinée directement par le Calcaire grossier qui apparaît, caractérisé à la base par de nombreux galets noirs très roulés, empruntés à une assise plus ancienne que nous avons appris à bien connaître, par des grains siliceux grossiers et par des lentilles d'argile grise.

Immédiatement au-dessus du Calcaire grossier moyen apparaît un amas de Sables granitiques qui en ravine irrégulièrement la surface et qui donne la main à d'autres amas argilo-granitiques, sur lesquels nous reviendrons dans un instant,

Sur le chemin qui conduit à la ferme de l'Hôpital, vers la cote 132, on trouve de vastes carrières de Calcaire grossier, d'un faciès spécial, formé de lits irrégulièrement endurcis d'un calcaire miliolitique arénacé, disposés sans ordre et sans qu'on puisse faire aucune séparation stratigraphique dans toute la masse ; la faune paraît bien la même sur toute la hauteur du dépôt ; de nombreux fragments de coquilles brisées témoignent d'un charriage par des courants marins, et le nombre considérable de *Potamides,* coquilles fluvio-marines, roulées, dans ce dépôt franchement marin, confirme cette manière de voir.

Faune du Plessis-Hébert

Crassatella tenuisulcata, Desh.	*Potamides lapidum,* Lamk.
Anomia tenuistriata, Desh.	» *denticulatum,* Lamk.
Ostrea flabellula, Lamk.	» *tristriatum,* Lamk.
Cerithium echidnoïdes, Lamk.	» *cinctum,* Brug.
» *interruptum,* Lamk.	» *scruposum,* Desh.
» *angustum,* Lamk.	» *cuspidatum,* Lamk.
» *emarginatum,* Lamk.	» *tricarinatum.*
» *thiara,* Lamk.	var. *acus,* Desh.

Turritella Lamarckii, Defr.

Au bord du plateau, sur les croupes de Craie qui ne sont pas recouvertes par le Calcaire grossier, on voit l'Argile à silex en voie de formation. Les pluies, les infiltrations, les divers agents atmosphériques se mettent à l'œuvre pour transformer la craie aussitôt qu'elle reste à découvert; la matière calcaire est entraînée et la partie argileuse rubéfiée reste sur place en englobant les silex dispersés dans la masse crayeuse.

Sur la grande route de Pacy à Évreux, au Buisson de Mai, on peut voir encore le contact direct du Calcaire grossier sur la Craie sans aucun intermédiaire, tandis que si l'on s'avance vers la croupe de la ferme des Préaux, l'Argile à silex apparaît, s'accuse de plus en plus, paraissant s'intercaler entre la Craie et le Calcaire grossier, mais elle est évidemment de formation très postérieure. Un peu plus loin, on constate la présence des Sables de Cuise, fort amincis, avec galets de Sinceny, en poches dans la Craie, epargnés dans quelque dépression par le ravinement général du Calcaire grossier.

Sur tout ce plateau, le Calcaire grossier est très intéressant ; les fouilles sont nombreuses et, sur la route du Caillouet, on trouve plusieurs zônes bien fossilifères : Zône à Corbules, Zône à *Anomia*, Zône à Orbitolites, dans lesquelles les fossiles sont en bon état et qui se rapportent toutes au Calcaire grossier moyen, comme le gîte d'Orgeville dont nous parlerons plus loin.

Sur la route d'Orgeville, les Sables granitiques réapparaissent ; la surface où ils affleurent présente un contraste remarquable avec la région où le Calcaire grossier est à la surface. Par suite de l'imperméabilité de la surface occupée par les Sables granitiques et de l'humidité qui en est la conséquence, la région granitique est très fertile, relativement à la région calcaire ; la culture y est plus facile, plus rémunératrice, les arbres fruitiers peuvent y prospérer ; on y organise des prairies artificielles et des jardins, tandis que partout où le Calcaire grossier apparaît, la sécheresse oblige à borner la culture à la seule production des céréales. Pour donner une idée de l'importance de cette distinction, nous pouvons dire, d'après une appréciation de M. Chédeville, que l'hectare de terre sur les Sables granitiques vaut 2,000 fr., tandis qu'il n'atteint que 200 fr. sur le Calcaire grossier.

Le Plessis-Hébert, Orgeville, Caillouet, manquent d'eau et ces villages doivent s'approvisionner uniquement dans les mares où l'eau d'infiltration est retenue par les Sables et Argiles granitiques ; ce cas se présente également en Beauce où les paquets demeurés de Sables de la Sologne sont considérés comme un bienfait.

On conçoit que cet approvisionnement précaire ne résiste pas à une sécheresse prolongée, et nous ne voyons guère de remède à cette situation que si l'on parvenait à replanter en forêt la surface d'affleurement du Calcaire grossier, ce qui entretiendrait un réservoir d'humidité plus étendu et produirait un arrêt aux infiltrations et aux dessèchements rapides. Il importe au plus haut degré de ne pas creuser les mares outre mesure et à l'aventure, car si l'approfondissement atteignait la Craie ou le Calcaire grossier, l'eau serait rapidement perdue.

Il est possible que sur le territoire d'Orgeville où il existe une mare profonde adossée au Calcaire grossier, cette mare soit due à la fois aux Sables granitiques et à un lambeau d'argile sparnacienne. Le 10 août 1891, lors du curage de cette mare, j'ai pu relever la petite coupe suivante :

Coupe de la mare d'Orgeville

7. Limon argilo-sableux brunâtre. 0m60
6. Sable argileux, jaune vif, avec limonite . . . . 0m00 à 0m10
5. Argile fendillée grise et verte. . . . . 0m40 à 0m80
4. Sable argileux jaune . . . . 0m00 à 0m30
3. Argile grisâtre . . . . 0m60 à 1m00
2. Argile sableuse, rougeâtre . . . . 0m20 à 0m30
1. Sable gris grossier, sur. 1m00

Le Calcaire grossier offrait au pourtour de gros blocs meuliérisés avec *Potamides lapidum.*

Le Calcaire grossier supérieur existe, en effet, un peu plus loin en place ; il forme entre Orgeville et le Plessis-Hébert un affleurement de deux kilomètres environ de longueur ; nous avons pu en étudier la composition dans une petite carrière au-dessus de la station de Boisset (Eure), sur le plateau (altitude 124m).

Carrière entre Orgeville et le Plessis

12. Terre végétale. 0m10
11. Débris calcaires altérés, confus, fragmentaires *(Cran* ou *Cron).* . 1m20
10. Calcaire dur, sec, en petits lits, alternant avec de la marne blanche. 1m00
9. Calcaire dur (Cliquart) à *Potamides lapidum.* 0m10
8. Calcaire tendre, marneux, blanc, fossilifère 0m80
   Cyclostoma mumia, *Natica Parisiensis,*
   Potamides lapidum. *Lucina saxorum,*
   Sycum pirus, Sol. (*Pyrula subcarinata,* Lamk.).
7. Lit formé de minces coquilles écrasées. 0m03
6. Calcaire marneux à *Potamides lapidum* 0m15
5. Calcaire dur (Cliquart), à Potamides. 0m12
4. Filet d'argile verte (banc vert) 0m04
3. Calcaire marneux, sec, irrégulier 0m08
2. Blanc calcaire dur, exploité, à Potamides. 0m12
1. Calcaire grossier à milioles, fin (sommet du Calcaire grossier moyen), sur. 0m40

Le *Cyclostoma mumia* est extrêmement abondant et bien conservé ; on le distingue parfaitement du *Cyclostoma munia* du Calcaire de

Saint-Ouen dont nous avons parlé (*anté*, p. 29) ; il est de grande taille et peut prendre le nom de var. *robusta*. Il mesure : longueur 31 millim., largeur 11 à 12 millim ; il est orné de vingt cordons spiraux bien accusés sur les tours, sur lesquels passent en s'ondulant de nombreux cordons d'accroissement très délicats.

La côte de la Roche, près de la station de Boisset, présente un cirque sec très curieux ; on est en face d'un phénomène d'érosion considérable dont l'organe a disparu. La vallée forme un méandre très élégant, mais il n'y a pas une goutte d'eau circulant dans son fond ; la région est desséchée, le plan de saturation générale du pays est descendu à grande profondeur, et l'érosion par entraînement mécanique est arrêtée.

Les parois du cirque n'ont pas l'uniformité de composition qu'on pourrait leur supposer tout d'abord ; on peut relever de haut en bas la coupe suivante (fig. 12) :

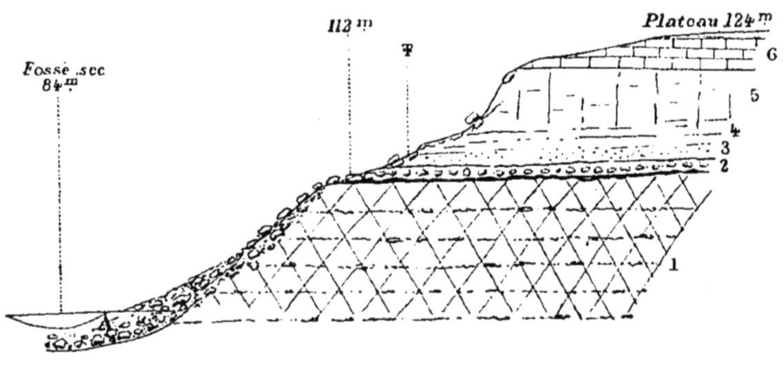

Fig. 12. — *Côte de la Roche, à Boisset (Eure)*

A. Limon de lavage ; éboulis des vallées sèches.

6. Calcaire grossier supérieur, bancs de Cliquart et de marne, à *Potamides lapidum*.

5. Calcaire grossier moyen. — Partie agglutinée solide.

4. » » » — Partie sableuse, blanchâtre.

3. » » » — Lits grossiers, jaunes, fossilifères.

2. Lit épais de silex verdis, non roulés, avec quelques galets.

1. Craie blanche à silex noirs, renfermant *Echinocorys ovatus*.

La couche n° 3 renferme une grande quantité de fossiles en bon état ; c'est l'un des gîtes les plus éloignés du centre du Bassin de

Paris ; il est à la limite actuelle de l'extension du Calcaire grossier et cependant il ne présente pas de caractères littoraux plus accusés qu'à Neauphle, à Fontenay, etc. ; évidemment, le rivage ancien de cette mer se trouvait encore beaucoup plus loin à l'Ouest. Voici quelques-unes des espèces recueillies dans la berge du méandre qui est au-dessous d'Orgeville.

Faune d'Orgeville

Calcaire grossier moyen

Corbula rugosa.
» *Lamarcki.*
Nucula subovata.
Arca biangula.
» *irregularis.*
» *quadrilatera.*
» *cucullaris.*
Anomia tenuistriata.
Ostrea flabellula.
Fissurella labiata.
Hipponix cornucopiæ.
Calyptræa trochiformis.
Cancellaria volutella.
Fusus excisus.
Marginella eburnea.
Natica, pl. sp.
Pleurotoma.
Conus.
Mitra.
Voluta, *Murex*..

Les fossiles caractéristiques du Calcaire grossier inférieur n'apparaissent pas ; ils n'existent pas dans la région ; certainement, la mer du Calcaire grossier n'a envahi l'Ouest du Bassin de Paris que tardivement ; on peut constater une vaste transgression des couches dans cet étage qui a commencé à envahir le Bassin de Paris par le Nord, déposant au début, vers Laon et Noyon, une glauconie grossière qui n'a pas atteint les environs immédiats de Paris, déposant ensuite à Chauny et à Compiègne des couches épaisses à *Nummulites lævigata* qui ne s'étendaient pas au midi de Creil, et dont les débris roulés, entraînés au Sud par un affaissement du sol, apparaissent un peu après comme cordon littoral vers Pontoise et Paris. Ce ne sont que les premières couches du Calcaire grossier moyen avec le *Cerithium giganteum,* qui ont occupé Neauphles à l'Ouest et Courtagnon à l'Est, par un envahissement progressif très important transversalement. Le Calcaire grossier atteint son maximum d'étendue seulement à la période moyenne ; les éléments glauconieux et sableux disparaissent, la mer déborde les Sables de Cuise au Sud et à l'Est, ravine ou déborde complètement les Lignites du Soissonnais à l'Ouest, venant occuper une surface très vaste qui ne sera plus submergée par la mer propre jusqu'à l'époque des Sables de Fontainebleau, mais qui fera place à une longue période lagunaire, palustre ou lacustre coupée par d'incessantes incursions marines (Calcaire grossier supérieur).

Il n'est pas inutile de faire observer que le *Service de la Carte géologique* n'a pas cru devoir distinguer le Calcaire grossier inférieur du Calcaire grossier moyen et les a confondus dans une seule masse, et j'ai moi-même expliqué ailleurs les difficultés de cette subdivision et le caractère secondaire qu'il était nécessaire de lui laisser (1). Actuellement, je serais disposé à rendre quelque valeur à la subdivision du Calcaire grossier parisien en trois assises, et trouvant dans la transgression très étendue du Calcaire grossier à *Cerithium giganteum* un argument de quelque importance, il me semble naturel d'en faire la base du Calcaire grossier moyen, laissant dans le Calcaire grossier inférieur les couches glauconieuses et sableuses, celles à *Nummulites lævigata* situées au-dessous du banc à Verrains, et, en haut, considérant le Calcaire grossier supérieur comme débutant au-dessus du banc royal à milioles par des couches à Potamides qui font cortège au « banc vert », pour s'élever jusqu'aux Sables Moyens.

Quelques mots sont aussi nécessaires sur la nomenclature à adopter pour les argiles à Cyrènes et les sables qui les accompagnent. On sait que les premiers observateurs ont confondu sous l'appellation de sables et argiles à Lignites du Soissonnais (étage Suessonien d'Orbigny) tous les dépôts situés entre la craie et le calcaire grossier inférieur ; ultérieurement l'indépendance et l'individualité des sables de Bracheux fut reconnue, mais on continua à confondre les Lignites du Soissonnais avec les sables de Cuise ; plus tard enfin la faune mieux connue des sables de Cuise-la-Motte à *Nummulites planulata* apparut comme distincte de celle des Lignites, et l'ancien Suessonien fut subdivisé en trois étages : Thanetien, Sparnacien, Cuisien. Mais nous voyons encore trop souvent les deux derniers étages confondus sous la

(1) *Notice sur une nouvelle carte géologique des environs de Paris*, Paris, Baudry, in-4° 1886, p. 21.

désignation de Sables et Lignites du Soissonnais ou d'Yprésien. Dans le bassin de Paris, dans celui du Nord de la France et de la Belgique, dans celui de Londres, ce sont des horizons paléontologiques bien distincts dont il y a lieu de tenir compte ; ils indiquent une modification profonde dans l'étendue des mers, des transformations dans la faune ; chacun d'eux est subdivisible en assises importantes et présente des faciès multiples. Il y a lieu de conserver la dénomination de *Lignites du Soissonnais*, de *Sparnacien*, uniquement pour les couches renfermant la véritable faune des Lignites à *Cerithium funatum*, *Melania inquinata* et *Cyrena cuneiformis*, et de réserver le nom de *Sables de Cuise* aux couches à *Nummulites planulata, Velates Schmiedeli, Ostrea submissa*, etc.

Il faut proscrire la dénomination d'*Argile plastique* comme nom d'étage ; ce n'est qu'un faciès méridional et accidentel du Sparnacien, faciès qui se trouve stratigraphiquement inférieur aux couches fossilifères saumâtres plus importantes du Centre et du Nord du bassin, opinion déjà formulée par d'Archiac et qui a conservé toute sa valeur. Nous venons de proposer la classification générale suivante (in *Bull. Service Carte géolog.* Rapport des collaborateurs, 1896) :

e_{III} Sables de Cuise (Yprésien) s. s.	*a*) Sables de Visigneux, lignites de l'Ourcq, sables de Brasles et de Gland, sables à térédines. *b*) Sables de Cuise-la-Motte à *Nummulites planulata*, Mercin, Saint-Gobain, etc. *c*) Sables d'Aizy-Jouy.
e_{II} Lignites du Soissonnais (Sparnacien)	*a*) Sables de Sinceny, poudingues marins. *b*) Sables grossiers, lignites et argiles du Soissonnais à *Cyrènes*. *c*) Argile plastique, poudingue inférieur de Nemours, sables granitiques d'Arpajon, marne de Dormans (?).

Je résumerai dans un tableau la série des couches tertiaires rencontrées pendant nos excursions avec la classification qu'il convient d'attribuer à cette échelle stratigraphique déjà longue, qui donne la succession presque au complet des roches parisiennes, mais avec une puissance réduite et un grand raccourcissement dans les détails, comme il arrive fréquemment dans les régions anticlinales.

CLASSIFICATION
DES
ASSISES TERTIAIRES OBSERVÉES
AUX
ENVIRONS DE LOUVIERS, VERNON ET PACY-SUR-EURE

ÉTAGES ET NOTATIONS de la CARTE GÉOLOGIQUE AU $\frac{1}{320000}$		LISTE DES ASSISES	TERRAINS ET NOTATIONS de la CARTE GÉOLOGIQUE AU $\frac{1}{800\ldots}$	
Alluvions modernes	2 *a*	Alluvions récentes	a^2	Actuel
Alluvions anciennes	1 *a*	Limons des plateaux	a^{1b}	Pleistocène
		Diluvium et graviers à *Elephas primigenius*.	a^{1a}	
Sicilien	3 *p*	Graviers culminants des plateaux	*p*	Pliocène
Burdigalien	1 *m*	Sables et argiles de la Sologne	m^2	Miocène
Aquitanien	3 *o*	Meulière de Beauce	*m* I	
Stampien	2 *o*	Sables de Fontainebleau	*m* II	
Tongrien	1 *o*	*a*. Calcaire et meulière de Brie	*m* IIIa	Oligocène
		b. Argile verte	*m* IIIb	
		c. Marne blanche de Romainville		
Ludien	5 *e*	*a*. Travertin de Champigny (Gypse)	e^3	
		b. Marnes diverses		
Bartonien	4 *e*	*a*. Calcaire et marne de Saint-Ouen	e^2	
		b. Marnes sableuses de Beauchamps	e^1	
Lutétien	3 *e*	*a*. Calcaire siliceux, marnes du calcaire grossier supérieur	*e* I	
		b. Calcaire arénacé ou agglutiné du calcaire grossier moyen	*e* II	Eocène
Yprésien	2 *e*	A. Sables fauves de Cuise	*e* III	
Sparnacien		B. Galets noirs marins de Sinceny; Argiles et sables à Cyrènes et à Ostrea	*e* IV	
Thanétien	1 *e*	B. Argile à silex	*e* V *b*	
Sénonien	6 *c*	A. Craie blanche à silex noirs et Belemnitelles	c^8	
		B. *a*. Craie blanche à silex cireux et *Echinocorys*; Craie blanche à silex zônés et Bryozoaires (*a*.)	c^7	Crétacé
		B. *b*. Craie dure à points noirs, silex noduleux, dolomie. (*b*.)		

5741 Imprimerie E. LANIER, rue Guillaume-le-Conquérant, 1 et 3. — Caen

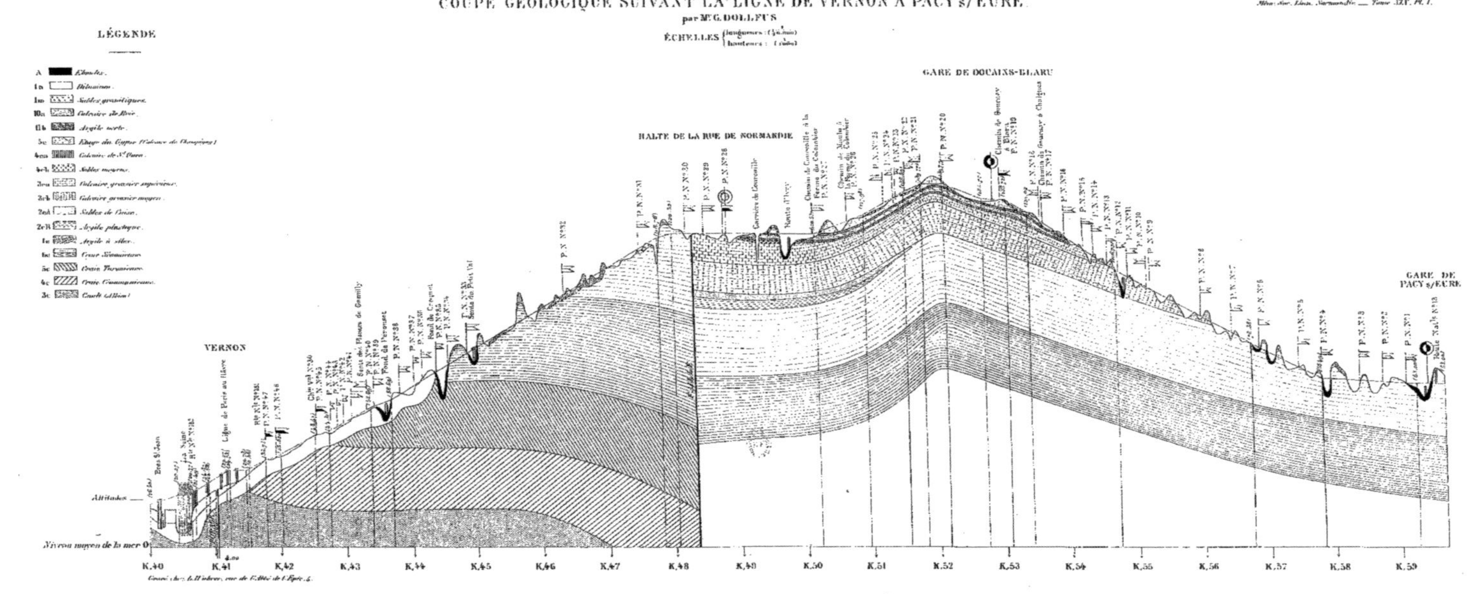

COUPE GÉOLOGIQUE SUIVANT LA LIGNE DE VERNON A PACY s/EURE.
par Mr G. DOLLFUS
ÉCHELLES
LÉGENDE
VERNON
HALTE DE LA RUE DE NORMANDIE
GARE DE DOUAINS-BLARU
GARE DE PACY s/EURE.
Ligne de Paris au Havre
Carrière de Courcelle
Altitudes
Niveau moyen de la mer 0
K.40
K.41
K.42
K.43
K.44
K.45
K.46
K.47
K.48
K.49
K.50
K.51
K.52
K.53
K.54
K.55
K.56
K.57
K.58
K.59

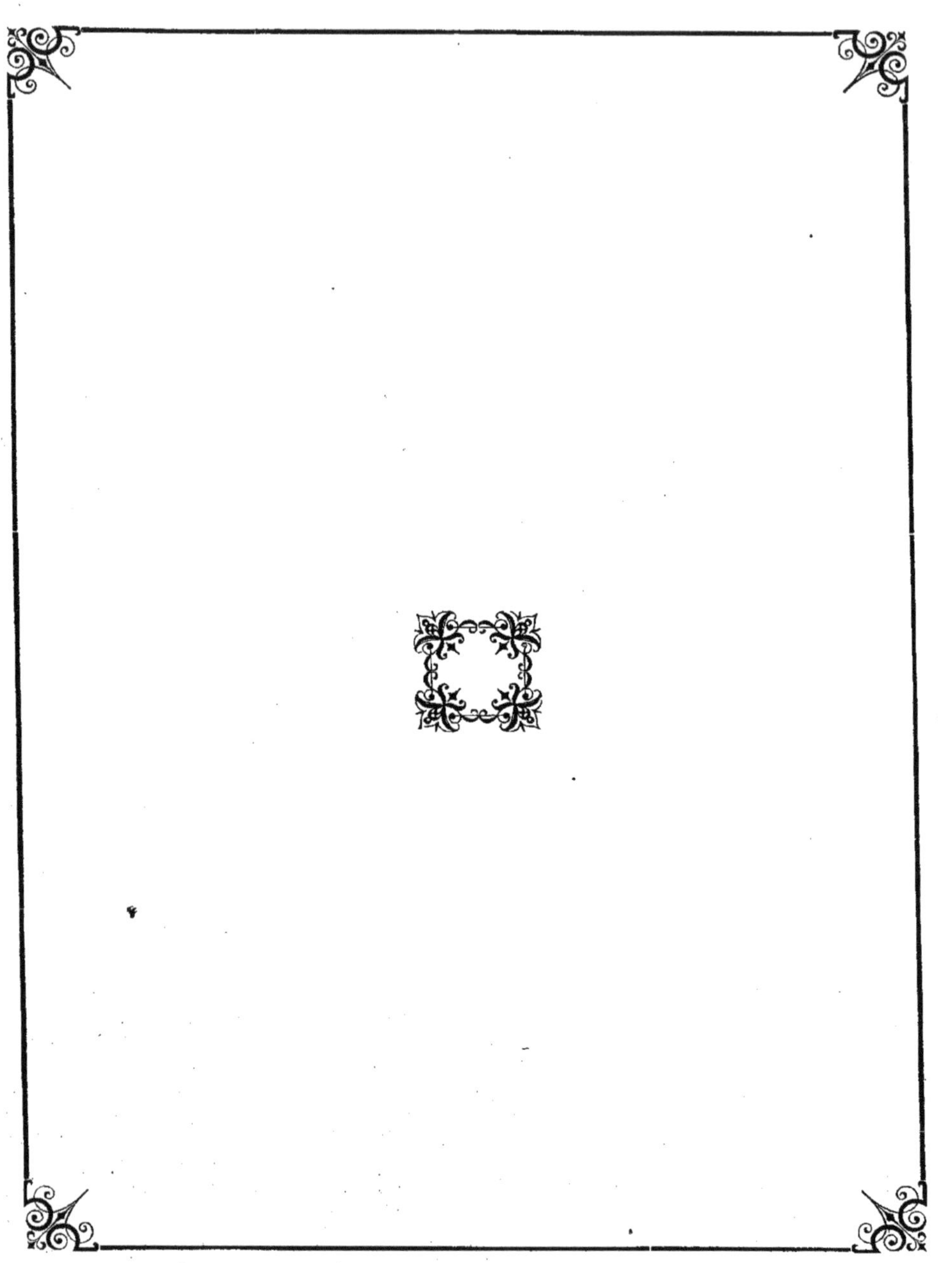

www.ingramcontent.com/pod-product-compliance
Ingram Content Group UK Ltd.
Pitfield, Milton Keynes, MK11 3LW, UK
UKHW022141190726
13855UKWH00003B/1285